população e geografia

COLEÇÃO
CAMINHOS DA GEOGRAFIA

população e geografia

amélia luisa damiani

Coleção
Caminhos da Geografia

Ilustração de capa
Lido, de Max Beckmann, 1924

Revisão
Maria Aparecida Monteiro Bessana
Luis Roberto Malta
Texto & Arte Serviços Editoriais

Composição
Veredas Editorial
Texto & Arte Serviços Editoriais

Dados Internacionais de Catalogação na Publicação (CIP)
(Câmara Brasileira do Livro, SP, Brasil)

Damiani, Amélia Luisa
População e geografia / Amélia Luisa Damiani. –
10. ed., 4ª reimpressão. – São Paulo : Contexto, 2025. –
(Caminhos da Geografia).

Bibliografia
ISBN 978-85-85134-97-6

1. Geografia humana. 2. Malthusianismo. 3. População
I. Título. II. Série.

91-0602 CDD-304.2
304.6

Índices para catálogo sistemático:
1. Geografia humana 304.2
2. Malthusianismo : Teorias da população : Sociologia 304.6
3. População : Sociologia 304.6

2025

Editora Contexto
Diretor editorial: *Jaime Pinsky*

Rua Dr. José Elias, 520 – Alto da Lapa
05083-030 – São Paulo – SP
PABX: (11) 3832 5838
contato@editoracontexto.com.br
www.editoracontexto.com.br

A minha mãe Nacisa,
cuja força e tranquilidade
sempre me acalentam.

SUMÁRIO

1. INTRODUÇÃO

Não é a geografia da distribuição diferenciada da população no globo terrestre que aspiramos. A da primeira aproximação com o fenômeno humano, através das quantidades de população diversas. A que se vale da visualização de cores diferentes manchando cada país, ou cada lugar, para retratar, num mapa, seu "lugar" no universo das "diferentes" quantidades de população.

Observemos que esse quantitativismo leva à imagem superficial deste fenômeno social, para quem quer lhe captar, exatamente, a essência qualitativa, as relações escondidas.

A geografia hoje, não se contenta mais com a leitura do espaço como invólucro de conteúdos indiferentes, que tardiamente a preenchem.

Vamos abdicar dos números? Não exatamente. Vamos, na verdade, relacioná-los imediatamente com as qualidades.

Quantidade diferenciadas podem expressar conquistas humanas e históricas cruciais. Por exemplo, estão na essência do entendimento da cooperação, da divisão do trabalho. As pessoas não são contadas, nesse caso, aritmeticamente, como soma de indivíduos isolados. Sua reunião, no nível da fábrica, potencializa-as como conjunto, como grupo. Permite-nos introduzir a ideia do social.

Inversamente, podemos imaginar grandes quantidades como perda, no sentido imediatamente qualitativo.

Reflitam sobre a reinvenção da cidade através de grandes conjuntos habitacionais, cuja retórica é a da solução de grandes déficits habitacionais. Esse discurso se consolida desde a década de 70 em nosso país. E, especialmente, a partir da Segunda Guerra Mundial, em pelo menos parte do mundo europeu.

Nesses conjuntos habitacionais pode estar alterada a essência mesma do urbano. São as necessidades básicas cifradas, codificadas, quantificadas, que sugerem a produção de serviços e comércio os mais elementares, em espaços especialmente segregados para esse propósito. Estamos diante de um novo modo de vida, cujo significado urbano e social merece estudos.

Na verdade, poderíamos ter usado o exemplo anterior, o da divisão do trabalho, na leitura da perda – imaginando que o trabalho dividido como trabalho potencializado, é também, e ao mesmo tempo, um trabalho alienado. Um trabalho tão cindido em etapas que perde, do ponto de vista dos trabalhadores, sua imagem total, completa. Cada um, em particular, trabalhando e controlando apenas um seu segmento, e se perdendo nele e através dele.

Chamaríamos, de outro modo, de transformação dos números em *drama*: "aquele do indivíduo, dos grupos, da humanidade inteira" (Lefebvre). Ou dramatização dos números. O drama humano e social que a geografia, refletindo sobre população, aspira alcançar; certamente, em alguns de seus elementos, diante de sua extensa complexidade.

AINDA DENTRO DA QUESTÃO DE MÉTODO

A população constitui a base e o sujeito de toda a atividade humana. Exatamente por isso a população tem tal complexidade, nesse momento histórico. Se se partir do estudo da população, teríamos que percorrer todos os aspectos, elementos, resultados e consequências da sua atividade para conhecê-la, do âmbito não só dos seus resultados materiais, como da constituição dos sujeitos sociais. O que os leva a uma cadeia infinita de explicações, que foram sendo incorporadas ao longo do caminho, cada qual elucidando a explicação imediatamente anterior. Por exemplo, se definimos a população como dividida em classes sociais, seria necessário explicar, por sua vez, estas últimas. Por esse caminho, desembocamos nas categorias cada vez mais simples de análise. E teríamos que, a partir delas, recomeçar tudo outra vez.

É preciso, então, em termos de análise, destruir o objeto real, em sua complexidade; portanto, não iniciá-la pela população. Começar por decifrá-lo a partir dos elementos mais simples, abstratos, no sentido de parciais, mas que garantam a possibilidade de continuar o movimento analítico e criar como necessidade categorias cada vez mais concretas. Isto é, categorias mais próximas da complexidade do real, no intuito de desvendar o fenômeno tratado, nas suas múltiplas determinações e movimento, concluindo, então, pelo conhecimento da população.

Esses elementos não são arbitrariamente tomados, mas refletem, no nível do conhecimento, os elementos dados de forma prática. E tidos como cruciais na explicação de um dado momento histórico, de um dado país, etc.

Esses elementos, ou categorias de análise que dão acesso à compreensão enriquecida da população, variam na medida em que são históricos e recuperam no nível do mundo pensado, a realidade sensível em movimento. O movimento da atividade humana e seus resultados históricos redefinem sempre as categorias mediadoras desse processo de conhecimento. Novas categorias de análise são gestadas.

Embora o conhecimento não seja exterior, nem anterior à realidade prática, e ela o estimule, esse conhecimento ou conduz a uma tentativa de aproximação, em direção à complexidade e à riqueza da realidade prática e histórica (nesse sentido, tornando-se crítico); ou pode se deteriorar, reduzindo-se ao puramente especulativo, isto é, alheio ao prático-sensível; ou, ainda, pode conservar-se de tal forma comprometido com a sociedade analisada, que se transforme em ideologia, num conhecimento falsificado, que sirva para dissimulá-la e não para desvendar seus conflitos.

A rigor, os limites entre essas formas de conhecimento são, muitas vezes, difíceis de discernir. É possível enxergar mais de uma virtualidade numa mesma obra.

De qualquer forma, diante do exposto, cria-se um embate em relação à geografia da população, compreendida como primeira aproximação dos fenômenos urbanos, políticos, econômicos, etc., constituindo, nesse sentido, o primeiro capítulo dos tratados de geografia humana.

A população, inversamente, será desvendada a partir do entendimento dos fenômenos arrolados no parágrafo anterior.

"Marx, (...) (devemos insistir continuamente nesse ponto essencial) afirma que a ideia geral, o *método*, não dispensa a apreensão, em si mesmo, de cada objeto; o método proporciona apenas um guia, um quadro geral, uma orientação para o conhecimento de cada realidade. Em cada realidade, precisamos apreender as *suas* contradições peculiares, o *seu* movimento peculiar (interno), a *sua* qualidade e as suas transformações bruscas; a forma (lógica) do método deve, pois, subordinar-se ao conteúdo, ao objeto, à *matéria* estudada; permite abordar, eficazmente, o seu estudo, captando o aspecto mais geral desta realidade, mas jamais substitui a pesquisa científica por uma construção abstrata." (Lefebvre, *O Marxismo*, p. 29)

2. CONCEPÇÕES SOBRE POPULAÇÃO

Voltar a teorias ou reflexões sobre população, como as de Malthus e os neomalthusianos, e as de Marx e seus seguidores como críticos dos primeiros, não significa esgotar as leituras de população existentes; nem que se começou a pensar em população a partir do século XVIII, através de Malthus. Esse retorno ao pensamento malthusiano e marxista visa esclarecer as bases do entendimento da população no século XX; não define, portanto, uma recuperação evolutiva do pensamento sobre população ao longo da história. É a atualidade dessas teorias que faz com que retornemos a elas.

Retomando a preocupação esboçada no capítulo anterior, cada uma dessas leituras distintas sobre população corresponde a diferentes modos, inclusive contraditórios, de interpretação da sociedade e do movimento histórico. Observemos, assim, a expressão social de seu entendimento. Ou em outros termos: até que ponto essas leituras contêm a complexidade da realidade social e histórica.

TEORIA DE MALTHUS

Thomas Robert Malthus escreve seu *Primer Ensayo sobre la Población* em 1798; em 1803, publica sua segunda edição, ampliada e reelaborada. Quatro outras edições se sucederam, sem modificações substanciais face à segunda edição; a última delas em 1826.

Nós vimos que o conhecimento não nasce independente do movimento real da vida.

Que momento histórico é preciso circunscrever de início? De início, não é possível nos atermos a uma década, ou mesmo a intervalos menores de tempo, embora isso tenha sua especificidade e importância diferenciada no movimento total dessa época: a era capitalista, que data do século XVI, embora em países do Mediterrâneo tenha se estabelecido esporadicamente durante os séculos XIV e XV.

Essa era se inicia com a separação de grandes massas humanas dos meios de subsistência e produção, lançadas ao mercado na qualidade de trabalhadores livres. Esse processo tem sua expressão clássica na Inglaterra, exatamente, onde se produz o pensamento de Malthus. Não se trata somente de superação da servidão da gleba e da decadência do regime urbano medieval, ocorridas já em fins do século XIV. Mas de um processo de expropriação violento iniciado no século XV, que privou da terra os camponeses livres, assumiu várias formas, e durou séculos. Esse processo é chamado por Karl Marx de acumulação originária, ponto de partida da acumulação capitalista, já que a relação do capital pressupõe a separação entre os trabalhadores e a propriedade sobre as condições de realização do trabalho.

No momento em que Malthus escrevia, final do século XVIII e início do século XIX, vivia-se, na Inglaterra, o desenvolvimento da grande maquinaria, substituindo a manufatura; alguns o denominam de industrialismo. Desencadeia-se uma revolução no meio de trabalho, com o surgimento de um sistema de máquinas organizado na fábrica. Esse sistema revolucionou a vida de milhares de trabalhadores, expulsando-os de seus empregos; o trabalho do homem adulto em determinadas fases produtivas foi substituído pelo trabalho da criança e da mulher; e, deslocado para novos ramos de produção. Tudo isso significou desemprego, movimentação do trabalhador de um lugar para outro, transformação de sua vida em família, aumento da mortalidade infantil, etc.

Essa situação econômica e social dramática desencadeou um movimento de quebra de máquinas no começo da história industrial da Inglaterra e de outros países, chamado movimento ludista, ou dos Destruidores e Máquinas. Era o início da luta da classe trabalhadora para enfrentar o pauperismo.

Malthus traz para o interior de sua leitura da população a discussão do pauperismo. É preciso verificar em que termos: se ele cria um véu que o esconde, ou uma interpretação que o desvenda.

O homem malthusiano é uma abstração vazia ou um recurso do pensamento para analisar e sintetizar os conflitos reais que as classes mais empobrecidas viviam?

Malthus, em sua primeira versão do princípio de população, polemiza com os chamados socialistas utópicos – Condorcet, Godwin, Wallace – cujas obras, de modo geral, propunham uma sociedade igualitária como alternativa à situação de miséria vivida. Segundo ele, a causa verdadeira dessa miséria humana não era a sociedade dividida entre proprietários e trabalhadores, entre ricos e pobres. A miséria seria, na verdade, um obstáculo positivo, que atuou ao longo de toda a história humana, para reequilibrar a desproporção natural entre a multiplicação dos homens – o crescimento populacional – e a produção dos meios de subsistência – a produção de alimentos.

Por trás dessa constatação estaria uma lei natural: a do crescimento da população num ritmo geométrico e a dos produtos de subsistência num ritmo aritmético.

A miséria e o vício são obstáculos positivos ao crescimento da população. Eles reequilibram duas forças tão desiguais.

Em outras palavras, o crescimento natural da população, que é determinado pela paixão entre os sexos, excede a capacidade da terra para produzir alimentos para o homem. A dificuldade da subsistência exerce uma forte e constante pressão restritiva, sentida em um amplo setor da humanidade: os mais pobres ficam com a pior parte e a menor arte, convivendo com a fome e a miséria.

A miséria para Malthus, é, portanto, necessária. Ela aparece na fome, no desemprego, no rebaixamento dos salários; então, ela mata, ela faz adoecer, ela reduz o número de matrimônios, pois será mais difícil sustentar os filhos (obstáculo preventivo ou "obrigação moral"). Por outro lado, ela incita os cultivadores a aumentar o emprego da mão de obra disponível, a abrir novas terras ao cultivo, a re-harmonizar a relação população/recursos.

Ao se ampliarem os meios de subsistência, invariavelmente a população volta a crescer, e, assim, os pobres vivem um perpétuo movimento oscilatório entre progresso e retrocesso da felicidade humana.

Uma sociedade igualitária estimularia nascimentos, dessa forma estendendo a todos a pobreza. A luta pela sobrevivência, nessas condições, faria triunfar o egoísmo. Malthus discorda, inclusive, da assistência do Estado aos pobres, considerando-a nefasta, porque diminuindo a miséria a curto prazo, favorece o casamento e a procriação dos indigentes.

Quanto à produção de alimentos, ela não é ilimitada. Varia segundo a existência de espaços cultiváveis, fertilidade do solo, disponibilidade dos empreendedores para se voltarem a essa atividade, etc. Nos Estados Unidos, Malthus via um país de espaços cultiváveis abundantes e terras férteis a serem aproveitadas. Por isso, previa ali um maior crescimento populacional, que dobraria de 25 em 25 anos.

Segundo ele, a Europa apresentava diversas dificuldades: menor quantidade de espaços cultiváveis e solos férteis (a produção em solos menos férteis aumentaria os custos de produção), e, especialmente, uma tendência à concentração de investimentos produtivos na manufatura, deixando terras sem cultivar. Quanto a este último aspecto, polemiza com Adam Smith, quando este trata das riquezas das nações, considerando como tais todo aumento de renda ou de capital da sociedade. Argumenta Malthus que é preciso distinguir o número de braços que o capital da sociedade pode empregar e o número que pode produzir alimentos em seu território. O emprego na manufatura teria um resultado diferente daquele da agricultura. No caso da manufatura, uma nação poderá enriquecer, mas não poderá manter um maior número de trabalhadores pois essa riqueza não viria acompanhada de um aumento de provisões. E mais: pode atrair mais trabalhadores do campo, diminuindo a produção agrícola.

Assim, o crescimento da população na Europa segue um ritmo mais lento, dobrando a cada 400 ou 300 anos.

Poderíamos arrolar algumas questões:

- Não estaria Malthus fugindo ou subestimando as relações sociais e econômicas, particulares ao momento histórico que viveu, como fonte explicativa da pobreza, refugiando-se, como princípio motor de sua teoria, numa relação numérica abstrata? Neste caso, ele não estaria colaborando para perpetuar essa pobreza? Muitos o consideram o ideólogo da economia burguesa; em outros termos, seu defensor e legitimador.

Ricardo, por exemplo, questiona-o: o quanto de trigo disponível é absolutamente indiferente ao trabalhador, se o mesmo carece de ocupação, e não pode adquiri-lo; portanto, são os meios de emprego e não os de subsistência que colocam o trabalhador na categoria de população excedente, miserável, ou não.

- O desenvolvimento da indústria impediu o desenvolvimento da produção agrícola? Hoje, não se produz infinitas vezes mais do que em sua época, com proporcionalmente menor quantidade de trabalhadores agrícolas?

Devo lembrá-los que, segundo Malthus, o crescimento da população induziria à incorporação ao cultivo de novas terras menos férteis e/ou à intensificação do cultivo das terras já disponíveis. Tanto num caso, como no outro, haveria elevação dos custos de produção. Daria origem à chamada "lei dos rendimentos decrescentes", extremamente difundida na interpretação em Economia.

- Existiriam limites no entendimento do homem por Malthus?

O homem malthusiano é aquele sujeito à paixão entre os sexos. Invariável em todas as épocas, essa paixão pode ser considerada, em termos matemáticos, como uma quantidade dada, traduzida na multiplicação geométrica dos homens. A paixão entre os homens assim definida se reduz a uma função: a procriação, regulada pela miséria e os vícios, ou pelo matrimônio e o celibato.

MALTHUS VIVE

Malthus não só está vivo através do pensamento neomalthusiano do século XX – que recuperou seus ensinamentos, avançando em novas direções ou vulgarizando-os –, como orientou a construção da demografia, ao conferir importância socioeconômica aos problemas populacionais.

Baseando-se na autonomia conferida à população por pensadores como Malthus, a demografia formal chega a superestimar essa tendência autonomizante, constituindo técnicas quantitativas para pesquisar as "leis endógenas" do movimento da população: nas análises de natalidade, de mortalidade, quanto à constituição do crescimento vegetativo, entre outras.

MARX E POPULAÇÃO

A sobrepopulação ou população excedente em Marx não é o resultado da desproporção entre o crescimento da população e dos meios de subsistência. Em outros termos, a produção de uma superpopulação absoluta.

Para Marx, o pobre não é somente aquele privado de recursos, mas aquele incapaz de se apropriar dos meios de subsistência, por meio do trabalho. Existe, assim, a seguinte mediação social a se considerar: a qualidade de necessitado do trabalhador decorre do fato de ele depender sempre da necessidade que o capitalista – que o emprega – tem de seu trabalho. Portanto, as condições que o colocam diante dos meios de subsistência – a partir de seu salário – são fortuitas a seu ser orgânico. Isto ocorre porque no capitalismo, a finalidade da produção é o lucro, ou melhor, a produção de mais capital, e não a satisfação das necessidades da população.

Não se trata de desprezar o crescimento absoluto da população, mas não limitar sua compreensão a uma lei abstrata, que só atuaria caso o homem não interferisse historicamente em seu destino. Uma lei, portanto, mais apropriada aos animais e vegetais.

Existiriam leis históricas de população, que recuperariam a singularidade da natureza humana e social nos diversos períodos históricos.

À produção capitalista, em específico, não basta a quantidade de força de trabalho disponível, fornecida pelo incremento natural da população. Para poder se desenvolver livremente, a produção capitalista ultrapassa esses limites. O entendimento da superpopulação, definida como superpopulação relativa, desvenda sua produção para além dos limites do aumento natural da população.

Se de um lado o incremento natural da população trabalhadora não satisfaz às necessidades da produção no capitalismo, de outro lado, é demasiado grande para ser integralmente absorvido.

Centremo-nos, então, na população que essa forma de produção produz e reproduz (população e superpopulação).

A superpopulação é relativa e não está ligada diretamente ao crescimento absoluto da população mas aos termos históricos do progresso da produção social, de como se desenvolve e reproduz o capital.

O número e trabalhadores ocupados aumenta com o desenvolvimento da produção, mas em proporção decrescente com respeito à escala de produção. Para compreender tal situação, é necessário considerar que os meios de desenvolver a produção, no capitalismo, são também os meios de exploração e dominação da classe trabalhadora.

O capital cresce, em outras palavras, dá-se a acumulação de capital. Cresce, porque se ampliam os antigos negócios (alguns podem ser extintos) e surgem novos ramos produtivos.

Contudo, o desenvolvimento das técnicas, dos métodos de trabalho, das ciências incorporadas à produção (em resumo, o desenvolvimento das forças produtivas do trabalho) exige proporcionalmente mais máquinas, matérias-primas, enfim, meios de produção do que força de trabalho ou mão de obra. Essa é a tendência do desenvolvimento industrial, tendência geral, que se confirma ou não em diferentes ramos de produção.

Portanto, nem os trabalhadores já empregados, nem os trabalhadores adicionais, que, periodicamente, se incorporariam ao mercado, são necessariamente reabsorvidos. Constitui-se, assim, uma massa de trabalhadores disponível, ou se criam excedentes populacionais úteis, que constituem uma reserva de trabalhadores inativos, passíveis de serem usados a qualquer momento, dependendo das necessidades de valorização ou expansão do capital.

Esta superpopulação relativa constitui não só um resultado, mas uma condição da acumulação do capital. De duas maneiras:

1º) serve para regular os salários; e

2º) e é material humano disponível, a ser aproveitado, independente dos limites do aumento real da população.

Problematizemos esses dois itens.

O trabalhador desocupado, ou semiocupado, isto é, ocupado em atividades intermitentes, irregulares, de baixíssimos salários, transforma-se numa pressão viva para rebaixar ou manter baixos os salários daqueles efetivamente ocupados; já que, estes últimos, podem ser substituídos pelo primeiro.

A maquinaria, como já foi mencionado, expulsa o trabalhador adulto de certas etapas produtivas e o substitui pelo trabalho feminino ou infantil. Isso, segundo Marx, implicaria rápido rendimento das gerações trabalhadoras, com casamentos precoces, por exemplo.

Este trabalhador adulto, diante da concorrência, seria pressionado a aceitar formas de exploração de seu trabalho, extensa ou intensivamente ainda mais lesivas. Quanto maior a jornada de trabalho, de um trabalhador em particular, menos trabalhadores novos serão empregados. Isso abrevia a vida do trabalhador, por seu desgaste acelerado.

A redução da jornada de trabalho pode significar mais trabalhadores empregados. O trabalho excessivo da parte ocupada da classe trabalhadora engrossa as filas de sua reserva.

Portanto, além do incremento dos meios de produção, também as formas de exploração do trabalho expulsam trabalhadores do mercado, produzindo uma população miserável, excedente.

Compliquemos ainda mais a situação: o ciclo produtivo de qualquer indústria, isto é, os períodos em que produz mais ou menos mercadorias, os períodos de produção acelerada e de crise, não seguem o mesmo ritmo do crescimento natural da população. São muito curtos. E nesses intervalos, ora absorve, ora expulsa trabalhadores.

A mobilização de trabalhadores, de um lugar para outro, por vezes muito remotos, como de um ramo a outro, permite que o capital apenas dirija até novos canais o trabalhador já empregado, não necessitando mobilizar novos trabalhadores.

No entanto, existe uma contradição nesse mecanismo. É que a divisão do trabalho é unilateral, fixa o trabalhador em certo tipo de trabalho, dificultando-lhe enfrentar novos tipos de trabalho. Assim, é possível vivermos uma situação de falta de trabalhadores num setor simultaneamente a homens na rua, sem trabalho.

É preciso ficar claro que a acumulação da riqueza, nos termos em que se dá, é ao mesmo tempo acumulação da miséria; embrutece e degrada moralmente.

José de Souza Martins, em *Caminhada no Chão da Noite*, argumenta que essa criação de excedentes populacionais úteis não se faz só na fábrica e não expressa somente a exploração. Significa também dominação e exclusão econômica e política. Sob esse prisma, podemos compreender outras camadas ou classes subalternas que participam do processo de desenvolvimento capitalista, mesmo não estando integradas diretamente no processo de trabalho capitalista – como os camponeses; ou, como os peões, vivendo relações clandestinas de trabalho, praticamente escravizados, em muitas regiões brasileiras. Segundo Martins, o capitalismo também se desenvolve através de uma "recriação contínua de relações sociais arcaicas, juntamente com a progressiva criação de relações sociais cada vez mais modernas" (p. 100).

A massa de população excedente se situaria também em novas camadas sociais, como entre os jovens, que teriam cada vez menos possibilidades de trabalho.

MALTHUSIANISMO E NEOMALTHUSIANISMO CONTEMPORÂNEO

Malthus vive nesses dois últimos séculos, quando se considera o crescimento da população como fator determinante do desenvolvimento social.

O malthusianismo e o neomalthusianismo (identificado com o pensamento malthusiano, que se estabelece após a Segunda Guerra Mundial, e é voltado à leitura do crescimento populacional nos países ditos subdesenvolvidos e seu reflexo mundial), embora não preservem integralmente Malthus, no sentido de não o seguirem à risca, atualizando-se sempre em relação aos novos problemas sociais e econômicos colocados historicamente, equivalem a um entendimento desses problemas, a partir da comparação entre a quantidade de população (seu crescimento natural) e as possibilidades de abastecimento e recursos vitais de um território.

Apesar das mudanças dos ritmos de crescimento da população do mundo, o pensamento malthusiano de modo geral sublinha que o caráter da evolução socioeconômica é determinado por esses diversos ritmos do crescimento demográfico.

Alguns definem como malthusianismo ao revés ou às avessas, a explicação da miséria e do desemprego (depois da Primeira Guerra Mundial e com a crise de 1929), como fruto do débil crescimento da população europeia, quando a baixa natalidade atingiria o consumo, de forma a estreitar o mercado e comprometer o desenvolvimento da produção.

Na verdade, data da década de 20, na Europa, a teoria do *ótimo de população*. Sensível a diferentes ritmos de crescimento da população, e preocupada com o decréscimo agudo da natalidade em países europeus, essa teoria se preocupava em considerar a quantidade ótima de população, para determinado grau de ciência, técnica e recurso disponível, o que asseguraria o mais alto nível de renda por habitante.

Até certo limite, portanto, o crescimento da população seria um fenômeno positivo. Abaixo desse limite, estaria comprometida a capacidade vital dos países em questão. Alfred Sauvy relaciona a diminuição relativa dos jovens na Europa com a perda do espírito de iniciativa, de inovação, de invenção.

O geógrafo Albert Demangeon diferencia a problemática da superpopulação absoluta e dos estados de miséria dos países asiáticos, dessa discussão sobre níveis de vida, a que o ótimo de população conduzia. Essa discussão não seria apropriada ao tratamento da questão em países miseráveis, onde a fome reinava e se adequaria à especificidade dos países desenvolvidos.

É possível compreender os argumentos semelhantes, usados em situações opostas, para justificar a intervenção fascista do mundo. Os italianos fascistas legitimaram sua agressão na Segunda Guerra Mundial pela necessidade de espaço vital, decorrente da alta natalidade e formação de uma superpopulação em seu território. Contrariamente, entre os alemães, a luta pela ampliação do espaço vital era justificada como luta contra a extinção de sua população, que registrava uma baixa natalidade.

Os críticos do malthusianismo asseguram que ele encobre as formas concretas e históricas, e suas mediações sociais particulares; e que estuda a relação entre natureza e sociedade, inclusive ocultando as relações de troca desiguais entre os diferentes países. O malthusianismo não explicaria a produção concomitante e contraditória da riqueza e da miséria, da superprodução de alimentos e da fome. Fundamentaria ações imperialistas. Serviria, portanto, a uma política interna reacionária e externamente agressiva.

O malthusianismo ou neomalthusianismo é, a nosso ver, uma ideologia. Uma ideologia que se traduz em estratégias políticas reais e relativamente eficazes. Na verdade, há uma variação no interior da leitura malthusiana do mundo, que comporta diferentes graus de falsificação.

De qualquer forma, definir o neomalthusianismo como ideologia, não significa que ele seja uma representação da realidade alheia ou puramente ilusória, mentirosa. A realidade histórica serve-lhe de estímulo às interpretações, representações. "As ideologias procedem do real interpretado e transposto" (Lefebvre). Contudo, a realidade comporta aparências, que não refletem totalmente sua profundidade e complexidade, e inclusive tornam-na opaca, dissimulando-a. Em outras palavras, o malthusianismo e o neomalthusianismo têm um fundamento real, mas podem ser, de tal forma, mutilantes como interpretação, que acabam obscurecendo o entendimento. Mais ainda, eles justificam ações e situações. São análises de caráter geral, especulativo, que ao mesmo tempo representam interesses definidos, limitados, particulares. As várias formas de malthusianismo aproximam-se, distanciam-se e se mesclam de maneiras diferentes com um conhecimento mais verdadeiro. E não são independentes umas das outras. Cada uma pode revelar, como possibilidade, o que a outra sugere. Por exemplo, uma concepção racista, precisa, declarada, e versões malthusianas sobre o progresso diferenciado das raças, as concepções sobre genética humana e o aperfeiçoamento das raças (eugenia), tomadas de forma unilateral, tornam possível e justificam o racismo.

No racismo aparece a desigualdade de valor das raças e com ela uma demografia "qualitativa". Justifica agressões, colonização como processo civilizatório, etc. A mistura das raças apresenta-se como fator de degenerescência. Acrescente-se que o racismo se liga aos fenômenos de classe. As classes, nesta interpretação, também desvendariam uma seleção natural entre raças superiores e inferiores. As guerras e a fome apareceriam, no limite de certas concepções, como a redução natural e necessária de povos e camadas atrasados. Ou como justificativa à sua subjugação.

Ainda dentro das correntes malthusianas os êxitos da medicina em preservar e ampliar a vida são vistos com reticências, já que provocam o aparecimento de uma população excedente.

Em muitos casos, o malthusianismo aparece explícito e confesso – como na Liga Malthusiana, uma entre as inúmeras organizações do gênero existentes nos Estados Unidos, voltadas aos estudos e políticas de população – ou diluído em discursos, que sequer têm consciência de sua origem.

O crescimento populacional, especialmente a partir da década de 50, nos países do Terceiro Mundo, no entender da teoria *neomalthusiana*, determinaria a existência de uma população excedente às possibilidades do desenvolvimento econômico desses países. E assim explicaria seu subdesenvolvimento. Dois terços da humanidade estariam localizados na Ásia, África e América Latina. Isso constituiria um obstáculo ao desenvolvimento, na medida em que essa população expandida, cuja estrutura etária privilegiaria os mais jovens e as crianças, requisitaria investimentos não produtivos – hospitais, escolas, etc. –, desviando recursos que poderiam ser diretamente produtivos – como a construção de fábricas. Provocaria, inclusive, ao aumentar os efetivos da força de trabalho, um desequilíbrio cada vez maior entre oferta e procura de empregos, reduzindo os salários e marginalizando amplas camadas de população do mercado de trabalho.

No interior dessa teoria ficavam evidentes o receio de comprometer os recursos naturais mundiais (Paul Ehrlich fala da proliferação humana como a maior ameaça ao ambiente do planeta) e a pressão e ameaça política, representadas por essa população, principalmente face ao avanço do comunismo. Nessa teoria estava presente um racismo renovado, definido como o pavor da prolificidade de "raças inferiores" (o "perigo amarelo" e o "perigo comunista"). Desembocava em estratégias demográficas precisas: o controle da natalidade, o planejamento familiar.

A fome era medida pela relação entre a quantidade absoluta de bens úteis disponíveis, e o número de homens. Jacques Verrière, em *As Políticas de População*, após se exasperar com o susto dos números (do crescimento populacional), fala da insuficiência de recursos alimentares, qualificando-a como insuficiência dos balanços globais. Assim, em 1970, cada habitante do Terceiro Mundo consumiria em média 190 kg de cereais, e nos Estados Unidos e Canadá, 1000 kg.

Informe do Banco Mundial, intitulado *Políticas de Población y Desarrollo Económico*, define que, diferente de muitas discussões sobre os efeitos econômicos do crescimento da população, centradas em seu impacto sobre o aumento da renda total ou *per capita*, esse crescimento deveria ser medido por indicadores sociais, tais como, o número de pessoas que recebem uma alimentação adequada, que aprenderam a ler, que participam de forma equitativa no aumento da renda e estão produtivamente empregadas. De qualquer forma, o essencial do discurso, em ambos os casos, é o custo social e econômico da absorção dessa população adicional.

Apesar de muitos considerarem que os programas de desenvolvimento dos países do Terceiro Mundo teriam um efeito redutor sobre a natalidade, admite-se, quase que por unanimidade, a necessidade de políticas de controle de natalidade. Essa redução tardaria e seria preciso antecipá-la.

As políticas de controle de natalidade, valendo-se do eufemismo "planejamento familiar", atingiram e ainda atingem inúmeros países. Envolvem desde organismos internacionais, como a ONU – que promove periodicamente conferências sobre população –, o Banco Mundial – que dispensa recursos específicos para tal intento – até organizações públicas e privadas, de alcance mundial, especialmente norte-americanas – como a *International Planned Parenthood Federation*, que tem uma filiada brasileira: a Bemfam, Sociedade de Bem-Estar Familiar. Envolvem também Estados nacionais, criando direta ou indiretamente políticas de planejamento familiar; organismos de informação; entidades médicas e farmacêuticas, etc.

Ainda hoje, empréstimos internacionais aos países do Terceiro Mundo, feitos pelo FMI, têm como exigência o controle de natalidade, para serem liberados.

Além da esterilização maciça da população pobre dos países como a Índia, a Colômbia e outros, que abertamente optaram por essa política, especialmente com a ajuda norte-americana (oferecendo frequentemente presentes como rádios, guarda-chuvas para cooptar a população) foram e ainda são utilizadas outras formas de controle, como contraceptivos e Dius. Estas últimas envolvem também organismos internacionais associados aos Estados Nacionais com distribuição gratuita de anticoncepcionais às camadas empobrecidas. Como exemplo, temos os convênios entre a Bemfam e os estados nordestinos. Outro mecanismo é a venda generalizada de contraceptivos por todo país, através de farmácias, recomendações médicas privadas, etc.

São grandes os interesses multinacionais farmacêuticos em jogo, na fabricação de contraceptivos e Dius por empresas norte-americanas, alemãs (ocidentais), suíças, entre outras. Dos anticoncepcionais encontrados no Brasil, 50% estão nas mãos de grandes empresas.

O modelo de família que, sub-reptícia ou claramente, é veiculado pelos meios de comunicação é o da família nuclear, que tem um ou dois filhos. Revistas como *Seleções*, de produção norte-americana, e distribuição em boa parte do mundo, durante décadas vincularam a ideia de felicidade a famílias desse porte.

Nessa leitura neomalthusiana, mediações sociais fundamentais são deixadas de lado, como o desenvolvimento do capitalismo e o imperialismo e a natureza das empresas privadas, cujo objetivo é a produção do lucro. Nesse sentido, David Harvey, diante da aceitação de uma teoria de superpopulação e escassez de recursos, que insiste em manter intacto o modo de produção capitalista, esclarece que "o argumento da superpopulação é facilmente usado como parte de uma apologia elaborada, através da qual a repressão de classe, étnica ou (neo)colonial pode ser justificada".

Devemos concluir que ao mesmo tempo em que se deplora a escassez dos recursos alimentícios, milhares de toneladas de alimentos são destruídos; ou estocados à espera de um bom preço; seus excedentes deslocados de um país a outro, visando manter seu preço; ou, são limitados os volumes de investimento em produção agrícola.

Enquanto centenas de milhões de seres humanos, que vivem nos países denominados subdesenvolvidos, sofrem de fome em geral ou de fomes específicas (como a falta de proteínas), portanto, sofrem a escassez de produtos alimentícios, estes são abundantes nos países chamados desenvolvidos. E estes últimos países vivem novas raridades: bens antes abundantes, que hoje cobram valor de troca; isto é, para tê-los é preciso adquiri-los, como a água, o ar, a luz, o espaço. Daí o surgimento dos novos produtos: a água tratada, o ar-condicionado, os antipoluentes, o aumento da especulação imobiliária nos grandes centros urbanos, com o aumento do preço da terra. A concentração da população, nas grandes cidades, aparece entre os problemas centrais.

A rigor, nós, como parte dos países do Terceiro Mundo, vivemos, simultaneamente, as antigas e as novas formas de escassez.

Essa nova situação aparece no interior de uma leitura ainda malthusiana, da seguinte forma: a partir dos anos 70, a questão central do século mudou; não são mais os países pobres e prolíficos, com multiplicação descontrolada que estariam ameaçando o globo terrestre, dissipando suas riquezas. O que ameaça é a configuração de uma superpopulação de novo estilo, a partir do superconsumo desenfreado, do intenso desperdício dos países ricos, especialmente, dos Estados Unidos.

Em termos de política, esta problemática resultou numa associação fundada em 1969, na *Zero Population Grown*, que tinha como objetivo a estabilização da população americana. Estava em jogo evitar a diluição do nível de vida do norte-americano em geral e a depredação dos recursos mundiais, visto que um norte-americano por seu nível de vida, sobrecarrega os recursos e a natureza, vinte a cinquenta vezes mais do que uma pessoa desfavorecida, de um país subdesenvolvido.

O superpovoamento, nesse caso, diria respeito à qualidade de vida.

Jean-Marie Poursin e Gabriel Dupuy destacam a incapacidade da biosfera de degradar e assimilar com rapidez a montanha de 150 milhões de resíduos domésticos norte-americanos, que vem envenenando lentamente seu território e sua atmosfera (a exportação de lixo de países como o dos Estados Unidos, é um assunto vivo e hoje importante).

Outros autores afirmam que, de fato, a política de redução do crescimento da população norte-americana não foi adotada.

A Conferência de População de Bucareste, em 1974, foi sintomática quanto à questão da complexidade do problema da superpopulação. Alguns países pobres apresentaram o argumento de que a pobreza erradicada, o desenvolvimento, é o melhor anticoncepcional. Entrou, também, na pauta das discussões, o superconsumo.

Diante dessa nova situação internacional, soluções históricas clássicas, como migração, a expansão, o crescimento econômico ou tecnológico, ou ainda remédios drásticos e tradicionais como a guerra, a fome, ou as epidemias já não *aparecem* de forma tão eficazes. A indústria é apontada como "um fator de desordem para a ecologia mundial, mais custosa que a população".

Estamos diante das novas contradições do modelo de crescimento ilimitado – econômico, tecnológico, demográfico – ou, em outros termos, da ideologia do crescimento ou do produtivismo, que se desenvolveu tanto nos países capitalistas avançados como nos socialistas. Acreditava-se que o crescimento indefinido da produção e da produtividade, cedo ou tarde satisfaria todas as necessidades. Tal modelo só pode ser posto em xeque para além de um discurso restrito à questão do novo superpovoamento.

É no embate entre crescimento econômico e desenvolvimento social, ou da deterioração deste último no bojo desse crescimento econômico, que está o eixo da questão. Envolve, portanto, os termos do desenvolvimento do capitalismo monopolista de Estado através da entrada nos circuitos da troca de elementos antes gratuitos (água, ar, solo); da insatisfação convivendo com a satisfação, (caso do mal-estar urbano); do empobrecimento das relações sociais; do inchamento do Estado, do aparelho burocrático e da racionalidade dos tecnocratas; do surgimento de novas indústrias, como a do lazer, sujeitando novos momentos da vida privada de cada um de nós a interesses lucrativos, etc. Enfim, o domínio da natureza não equivale à apropriação da natureza pelo homem, isto é, à transformação do homem e sua realização como ser humano. (Esta questão será tratada mais claramente na última parte deste livro, embora o tempo todo ela alimente nosso raciocínio.)

Apesar da forma diferenciada, já que lá não existe a burguesia orientando e gerenciando relações de produção capitalistas, os países envolvidos no socialismo de Estado não estão alheios ao crescimento quantitativo, sem desenvolvimento qualitativo, e suas consequências.

ELEMENTOS DA DINÂMICA POPULACIONAL

A dinâmica populacional conteria, em linhas gerais, como componentes a natalidade (e a fecundidade), a mortalidade e a migração.

O tratamento desses elementos comporta variações sutis, como dados sobre mortalidade diferencial – segundo a idade e a camada social ou profissional; mortalidade infantil; migrações internacionais e internas, permanentes e temporárias, etc. Tal detalhamento pode revelar mais profundamente os fenômenos considerados, esclarecer diferenciações sociais de sua incidência ou destacar suas variações em diferentes momentos. Por exemplo, o momento de predominância das migrações internacionais e aquele das migrações internas.

De qualquer forma, o crescimento populacional, em termos absolutos e em face de seu ritmo, estaria sendo determinado, em última instância, por esses elementos do comportamento demográfico.

Para além das variações detectadas, o fundamental é examinar os compromissos que envolvem esses componentes. Eles podem ser traduzidos em fórmulas, codificados em quantidades, mas é preciso situá-los no interior de sua relação com outros fenômenos sociais, que podem explicá-los, constituindo o que poderíamos chamar de suas causas determinantes ou condicionantes sociais.

De início, assinalamos que não há um consenso a esse respeito. Posições diferentes desembocaram em diferentes explicações sobre os componentes, privilegiando aspectos sociais diversos. Contudo, um tratamento estritamente biológico de componentes como a fecundidade – que mede a capacidade de procriar da espécie humana –, proposto por Malthus, foi logo descartado. A rigor, mesmo em Malthus, Maria Coleta F. A. de Oliveira e Maria Irene de Q. F. Szmrecsányi identificam um condicionamento social da fecundidade para além da atração instintiva entre os sexos, na proposta de celibato virtuoso ou retardamento das uniões, enquanto fator de tolhimento dessa atração.

Os procedimentos metodológicos da análise da dinâmica populacional variam substancialmente, mesmo considerando seus componentes no interior de um universo social de análise.

Podemos citar casos limites, bastante frequentes, como arrolar simplesmente variáveis de cunho socioeconômico e associá-las estatisticamente a cada um desses elementos, diluindo as relações causais. Exemplo disso é a associação entre o aumento de escolaridade e a diminuição do número de filhos por família. Esse caso, embora possa equivaler a uma associação legítima, é, em si mesmo redutor, pois generaliza a ponto de não explicar processos diferenciais, de natureza histórico-sociais. Elimina-se a preocupação com os "porquês". No exemplo mencionado, não haveria necessidade de indagar sobre o motivo das diferenças de educação.

Inversamente, o simples arrolar das variáveis é substituído, na obra de Paul Singer, por uma perspectiva abrangente, em que as investigações sobre a dinâmica da população não se detêm em si mesmas, mas envolvem a análise do funcionamento global das sociedades de classes. Nesse sentido, Singer assinala que o conceito de comportamento reprodutivo é muito mais amplo do que o de fecundidade simplesmente. Refere-se ao comportamento de grupos sociais com respeito à sua reprodução, não só de uma geração para a seguinte, como a cada dia e ano. A fecundidade seria apenas um aspecto do comportamento reprodutivo. E mais ainda, sofreria a influência dos outros aspectos. Por exemplo, a fecundidade dos assalariados em tempos prósperos aumentaria.

Dessa mesma perspectiva, Francisco de Oliveira esclarece que a fertilidade responde pela reposição de uma das reservas das forças de trabalho, a reprodução da população, a mais remota reserva, pois a mais próxima é o exército industrial de reserva, determinado pelos ciclos de acumulação.

Vejamos a expressão quantitativa dos elementos da dinâmica populacional e sua discussão, quanto àqueles mais gerais.

Mortalidade

O índice de mortalidade geral equivale à relação entre o número de óbitos em determinado ano e a população total neste ano; multiplica-se o resultado por mil, para evitar excesso de decimais.

$$\frac{\text{número de óbitos x 1000}}{\text{população total}}$$

Dados referentes a 1988 definem taxas de mortalidade geral da ordem de 10 por 1000 para todo o mundo, tanto no que se refere ao bloco dos países mais desenvolvidos, como ao dos menos desenvolvidos.

Contudo, se examinarmos país por país, mesmo sem nos remetermos a variações regionais, locais, sociais, obteremos taxas de mortalidade que vão desde 24 por 1000 na Etiópia, até 6 por 1000 na Albânia.

Mesmo prescindindo de variações sociais, nos países onde prevalecem camadas mais jovens da população, esses índices têm significado bastante diferente. Uma maior população jovem significa uma inflexão para baixo das taxas de mortalidade, frente a países onde a população mais velha prevalece.

Predominância de população jovem é encontrada nos países menos desenvolvidos. Na década de 60, na América Latina, menores de 15 anos chegaram a ser de 45 a 50% do total populacional.

Em *Os Trabalhadores*, Eric J. Hobsbawm, analisando o padrão de vida inglês de 1790 a 1850 utiliza as taxas de mortalidade como índice social. Embora com reservas, esse indicador seria sensível aos padrões de vida da população. Portanto, revelaria, com sua queda, melhoras nesse padrão, no começo da industrialização, pelo menos por algum tempo.

Hobsbawm reconhece que a variação do índice não é linear, da mesma forma que não o é a dos padrões de vida. Em seu exemplo, as taxas de mortalidade caíram marcadamente entre 1780 e 1810, subiram daí em diante até 1840, e voltaram a cair nas décadas de 1870 e 1880. No intervalo em que a mortalidade subiu, os problemas de desemprego teriam se intensificado.

De qualquer forma, não haveria nenhum motivo para pensar que o padrão de vida tenha subido marcadamente no começo do industrialismo. Houve antes a regularização da oferta de produtos de primeira necessidade, reduzindo-se os flagelos periódicos das economias pré-industriais, e, com eles, a mortalidade. (A revolução agrária, iniciada o século XVIII, com mudanças no padrão fundiário, na rotatividade de plantio, nas tecnologias de insumos agrícolas e de transportes, minimizou as falhas da colheita, embora dispensasse maciçamente trabalhadores rurais, que se dirigiram para as cidades).

Muitos autores consideram que a taxa de mortalidade infantil é especialmente sensível aos dramas sociais vividos pela população. Essa taxa calculada multiplicando-se por mil o número de crianças com menos de um ano, que morreram em determinado ano, e dividindo pelo número de crianças nascidas vivas, nesse mesmo ano.

$$\frac{\text{mortalidade das crianças com menos de um ano x 1000}}{\text{crianças nascidas vivas}}$$

A esse respeito, Paul Singer detecta o aumento da mortalidade infantil com expressão direta da redução dos salários, a partir da década de 60, em muitas cidades industriais do Brasil. A mortalidade infantil expressaria a superexploração do trabalhador.

Se os índices mundiais de mortalidade, em 1988, não sofrem variações significativas, os de mortalidade infantil o fazem. O índice de 71 por mil, no mundo, reflete a importância dos índices dos países menos desenvolvidos que, como um todo, expressam 79 por mil enquanto os mais desenvolvidos apenas 15 por mil. Na África, esse índice atinge 106 por mil, com países como a Etiópia chegando a 154 por mil.

Ao arrolar os principais fatores da redução da mortalidade no mundo, cujas taxas, nos primórdios do século XIX, estavam acima de 40 por mil habitantes, aparecem os fatores socioeconômicos, os fatores sanitários e os progressos da medicina.

Os progressos da medicina datam de meados do século XIX em diante, com a introdução da noção de assepsia e a descoberta de anestésicos. No final do século XIX, destacam-se os bactericidas e a imunologia, citando-se, entre outros, os trabalhos de Pasteur. A pesquisa em quimioterapia, iniciada na década de 1930, avança até nossos dias.

Haveria, segundo Diana Oya Sawyer, um consenso sobre os motivos da queda de mortalidade, aliada ao controle das doenças infectocontagiosas: melhorias das condições de saneamento e do nível de vida, num primeiro momento. E numa fase posterior, a contribuição da medicina.

Francisco de Oliveira introduz uma outra questão, baseado em estudos de demografia histórica inglesa e francesa: a mortalidade teria sofrido um descenso antes da socialização das grandes conquistas médicas (vacinas, assepsia hospitalar, anestesia, descoberta de grande número de vírus e bacilos, ou dos antibióticos às vésperas da Segunda Guerra Mundial). Para ele, a redução da jornada de trabalho, a instituição das férias e do seguro social para os trabalhadores e a revolução tecnológica nas formas de produção, com as máquinas e equipamentos substituindo os homens, em certas atividades exaustivas, seriam as responsáveis iniciais pela redução da mortalidade nos países desenvolvidos.

Concordando com essa interpretação, Paul Singer fala das conquistas trabalhistas e do aumento dos trabalhadores especializados, atribuindo às mudanças na composição das populações que formam as classes sociais, a responsabilidade pelo decréscimo das taxas nos países desenvolvidos.

Ambos os autores acentuam a diversidade das condições das classes populares nos países subdesenvolvidos, onde a pobreza dos assalariados e camponeses explicaria índices superiores de mortalidade. Eles recuperam, inclusive, os entraves ao movimento sindical e reivindicativo dos trabalhadores e seus avanços como componentes fundamentais das variações dessas taxas.

Acrescentaria que, embora houvesse um processo de socialização das conquistas tecnológicas no nível do saneamento básico, e das conquistas médicas, é possível detectar facilmente nesse processo elementos contraditórios. Podemos vislumbrar, convivendo nas cidades (para não mencionar as empobrecidas condições do campo brasileiro), realidades urbanas bastante diversas quanto à absorção dessas conquistas. Essa seria uma face da crise urbana.

As condições de vida da periferia das grandes cidades revelam que seus moradores vivem seguramente um outro tempo histórico, em relação aos moradores abastados e bem servidos. O tempo histórico vivido por eles é o da falta de saneamento, dos esgotos expostos, da deterioração das condições médicas. Portanto, é preciso relativizar a generalização suposta das conquistas, ou reconhecer que os níveis de sua apropriação são bastante diversos, A mortalidade é *diferencial* e atinge especialmente os pobres.

Os níveis de exploração, de desemprego e subemprego do trabalhador brasileiro são outra face desse processo de exclusão: exclusão da cidade, de uma vida digna, da vida para além da simples sobrevivência degradante. Não é possível compreendê-los sem analisar a sociedade como um todo, os níveis de expropriação (expulsão da terra rural e urbana, através de um processo de concentração da propriedade, que o aumento do preço da terra revela), os termos de exploração do trabalho, a que as camadas pobres estão sujeitas, nos termos do desenvolvimento do capitalismo no Brasil.

Vários foram os autores que, comprometidos com uma proposta de controle da natalidade para os países subdesenvolvidos, atribuíram o crescimento da população desses países, à importação de condições sanitárias e médicas dos países desenvolvidos, que não se coadunariam com os níveis de desenvolvimento dos países mais pobres. Esses autores chegam a falar da convivência de taxas de mortalidade industriais e taxas de natalidade pré-industriais. Mais ainda, teóricos do subdesenvolvimento explicam a redução relativa dos investimentos propriamente produtivos (como a produção de fábricas, etc.), com comprometimento do desenvolvimento, pela concentração em investimentos chamados demográficos – saúde, educação, saneamento – voltados à reprodução de uma população jovem e dependente crescente. Para eles, inclusive, um dos determinantes principais do subdesenvolvimento seria o crescimento natural ou vegetativo da população (diferença entre as taxas de natalidade e de mortalidade).

Nesse limite, uma das explicações para a redução da mortalidade foi utilizada de forma a obscurecer a compreensão de outros fatores econômicos, sociais e políticos, que revelariam a especificidade do desenvolvimento do capitalismo nesses países mais pobres, do âmbito da reprodução do capitalismo mundial.

Mais ainda, diante da diminuição das taxas de mortalidade na América Latina, já a partir dos anos 20, na Ásia nos anos 40, e na África e recônditos da Ásia nos anos 50, diminuição que se acelera a partir dos anos 50, evitou-se em organismos oficiais e em muitas pesquisas, o tema mortalidade, privilegiando trabalhos sobre a fecundidade. Estava em pauta a redução da natalidade nesses países. Em outros termos, o controle da natalidade.

A mortalidade é diferencial. Da mesma forma, a esperança ou expectativa de vida ao nascer, dado equivalente à medição da luta contra a mortalidade. No mundo, em 1988, dados para ambos os sexos (que normalmente, também, evidenciam uma variação) retratavam uma expectativa de vida de 61 anos. Enquanto nos países mais desenvolvidos ela crescia para 73 anos, nos menos desenvolvidos atingia 60 anos. Na África, há países onde ela diminui para menos de 50 anos (como em Gâmbia, 43 anos). Em países europeus, como na Noruega e Suécia, chega a 77 anos.

Valemo-nos de José de Souza Martins, que organizou, em 1982 e 1983, seminários sobre a *morte* na sociedade brasileira, para caracterizar a importância do fenômeno e de sua discussão.

Nessa oportunidade, denunciou-se a redução da doença e da morte a problemas técnicos: o hospital, seus equipamentos e técnicos aparecem como responsáveis exclusivos por esses momentos. Ao pobre, a especulação imobiliária tornou menos acessível as terras de cemitérios; ocupando ossários coletivos ou exumado, em pouco tempo perde sua própria memória. Por outro lado, as sociedades funerárias, do fim do século XIX e começo do século XX, nomeadas associações de mútuo socorro, são definidas, por Martins como primórdios do sindicalismo brasileiro. Hoje, o abandono desse tema registra-se entre as perdas da classe operária.

Surgiram novas *causa mortis* em número expressivo. Como os suicídios e acidentes entre os jovens que se podem encarar como resposta da sociedade, no limite, à realização desses jovens.

A deterioração da vida urbana também envolveria novas doenças e novos tipos de mortes. Na periferia pobre, marcada pela insegurança, a morte se torna um negócio privado, através de grupos de extermínio, os "justiceiros", que, aproximadamente há dez anos vêm agindo na região metropolitana de São Paulo, reunindo "vigilantes civis", policiais civis e militares, verdadeira generalização dos antigo; esquadrões da morte da polícia.

Natalidade e Fecundidade

O índice de natalidade equivale ao número de nascimentos num dado ano, multiplicado por 1000 e dividido pela população total no ano e local considerados:

$$\frac{\text{número de nascimentos x 1000}}{\text{população total}}$$

A fecundidade, por sua vez, relaciona o número de crianças com menos de 5 anos de idade ao número de mulheres em idade reprodutiva (15 a 44 anos, ou 15 a 49 anos, ou ainda 20 a 44 anos, segundo as autoridades dos diversos países).

A fecundidade, em princípio, sofreria a variação da idade de casamento, que, por sua vez, sofre a influência de fatores culturais (religiosos), econômicos (como crise econômica e atraso da idade de matrimônio), e políticos (como a política demográfica da China, que penalizava casais com mais de um filho).

Em 1988, o índice de natalidade, estimado para o mundo, era de 27; nos países mais desenvolvidos equivalia a 15, e nos menos desenvolvidos a 31 por mil habitantes. As variações, segundo os países, são ainda maiores, mesmo as dos continentes: a África tem um índice de 45 por mil habitantes, enquanto a Europa, 11 por mil habitantes.

Quanto à taxa de fecundidade da população brasileira, o que se observa é uma queda acentuada: de 5,5 em 1940, para 2,78, em 1980.

As taxas de crescimento da população dos países mais pobres, embora elevadas, estão sofrendo um decréscimo. Excediam a 3% nos anos 60 e em 1988 equivaliam a 2,1%.

Na verdade, no mundo essa taxa equivale a 1,7%, sendo 0,5% a dos países desenvolvidos.

São muitos os autores que se assustam com a quantidade de população no mundo, e seu ritmo de crescimento. No curso da habitação do globo pelo homem, a taxa de crescimento da população aumentou de 2% por milênio a 2% por ano. De 1900 a 1960, a população mundial aumentou em 1 bilhão de homens. O mundo contava, em 1950, com 2 bilhões e 500 milhões de pessoas aproximadamente; mais de 3 bilhões em 1960; e, em 1988, por volta de 5 bilhões e 100 milhões.

É preciso, no entanto, considerar o domínio da natureza pelo homem (antigamente e hoje) o que relativiza o impacto dos números. E mais, discutir os termos da ideologia produtivista, que permeou o crescimento econômico no mundo.

Segundo M. Irene Q. F. Szmrecsányi, em *Educação e Fecundidade*, a teorização sobre fecundidade envolveu originalmente a ideia de que seu declínio seria provocado pela industrialização, pela urbanização, pelas oportunidades democráticas de ascensão social, pela "racionalidade" capitalista do protestantismo ascético, pela secularização de valores que, atuando sobre a motivação dos indivíduos, os levariam ao controle da natalidade.

A uma explicação de cunho especialmente motivacional, em que um estilo urbano-industrial de vida levaria à redução da fecundidade, pelo seu caráter individual e racional, foi sendo acrescentada uma explicação mais substantiva do processo de desenvolvimento, dando maior relevância a fatores sociais e econômicos. Pierre George ressalta, por exemplo, que o desenvolvimento dos transportes, melhorando as condições materiais de certas populações, que tinham uma situação de vida precária, permitiria um acréscimo de nascimentos. Mas o sentido geral seria o da diminuição.

Do ponto de vista da teoria da transição demográfica, datada de 1929, as várias etapas de desenvolvimento das sociedades corresponderiam a diferentes padrões de relacionamento entre mortalidade e natalidade, sendo que, com a consolidação da industrialização, seria reduzida a fecundidade. Essa teoria "defende uma maior 'adequação' da família nuclear e pequena à sociedade urbano-industrial, sem, contudo, esclarecer os princípios de estruturação dessa sociedade e por que obrigaria a uma família desse tipo" (M. Irene Szmrecsányi).

No nível da teoria da modernização, que se combina com a transição demográfica, as sociedades se dividem em modernas ou "urbano-industriais", identificadas às sociedades mais desenvolvidas, e "tradicionais" ou "subdesenvolvidas". "E o desenvolvimento consistiria num processo de adoção pelas últimas de características pertinentes às primeiras" (idem). Trata-se da difusão internacional de traços materiais e imateriais de cultura. A relação desses países, enquanto processo de dominação e exploração, não é elucidada.

Já Paul Singer relaciona a fecundidade, enquanto fecundidade diferencial, às estratégias de sobrevivência e reprodução das várias camadas sociais. Para ele, a reprodução da grande maioria de assalariados está em função da quantidade de salário real que lhe é designada.

A mudança na classe trabalhadora – de famílias numerosas a famílias pequenas – equivaleria à passagem da produção doméstica ao consumo quase exclusivo de mercado; da solidariedade existente entre membros de cada família, à solidariedade de classe, apoiada institucionalmente.

No campo e no interior da população marginal das cidades persistiria essa solidariedade familiar, já que carecem de proteção institucional; o que levaria a famílias mais numerosas.

Do ponto de vista das camadas burguesas, a repartição da herança e o controle dos negócios definiriam os termos de sua reprodução.

Para Agnes Heller, do ponto de vista dos países desenvolvidos, a família pequeno-burguesa, enquanto unidade de produção, e a grande burguesia, ambos tipos que descansam na transmissão da propriedade privada, por meio da herança, estariam em decadência. Viver-se-ia uma fase de transição, e a estrutura do capitalismo moderno, com as grandes unidades produtivas e o capitalismo de monopólio, tornaria possível e desejável a desaparição prática da família composta de várias gerações, e a redução da família à família nuclear, aquela de um ou dois filhos.

Num país como o nosso, em que se combinam os grandes negócios, envolvendo grandes grupos financeiros, que investem em vários ramos de produção, e os pequenos negócios, em moldes ainda familiares, a importância da família, do ponto de vista produtivo, no que se refere ao último caso, estaria preservada.

O importante a considerar é que além de motivações de um melhor padrão de consumo, outras razões socioeconômicas, também explicariam o tamanho da prole. Seria preciso estudar a perda de funções da família no mundo moderno e tendências contrapostas a esse processo, para aprofundar a análise. E avaliar a variação relativa da perda de função da família, de acordo com o país e região estudados; e a preservação dos valores e tradições, muitas vezes, à revelia das mudanças econômicas.

Pierre George fala em considerar também fatores sem relação direta com a estruturação econômica, como as crenças e práticas religiosas.

Ocorre também o desenvolvimento desigual dos fatores sociais como no caso do camponês que continua tendo muitos filhos, apesar da deterioração da produção camponesa; muitos de seus filhos são obrigados a migrarem para sobreviver.

Não há uma acomodação direta e sem contradições entre a reprodução da família e a sociedade, apesar de todas as formas de estímulos e "educação", inclusive através dos meios de comunicação de massa.

Além disso, e recuperando, de certo modo, o que foi dito sobre estratégias políticas de população – política natalista e controlista –, a fecundidade, segundo Claude Raffestin, não é somente um fenômeno biossocial, mas também um fenômeno político. O Estado e a empresa almejam controlar o indivíduo como reprodutor. No limite, suas relações sexuais devem, neste sentido, ser úteis.

Consideremos que a família, ainda a esse respeito, aparece como uma instituição mediadora de necessidades objetivas, inclusive, como reprodutora da estrutura de poder vigente. O processo de reificação, ou, em outras palavras, de coisificação do sujeito – transformação do indivíduo em objeto político – não se dá de forma absoluta. Reproduz-se contradições a essa espécie de mercantilização da vida. O desenvolvimento desigual, já mencionado, é um exemplo disso. Apesar do sentido do controle, nem tudo se reduz ao estritamente funcional.

Migração

A discussão da migração tem um caráter estratégico no desvendamento da relação entre a dinâmica populacional e o processo de acumulação de capital, para além da concepção de crescimento natural – a do excesso de nascimentos sobre mortes.

Um fenômeno de importância mundial na Idade Moderna, e que nos atingiu bem de perto, foi o grande êxodo da Europa.

A emigração anual média ultramarina atingiu 377 mil indivíduos por ano, entre 1846-1890; cerca de 911 mil entre 1891-1920; e, aproximadamente, 366 mil de 1921 a 1929.

Mais de 50 milhões de europeus foram para o estrangeiro. O maior volume dirigiu-se para a América do Norte. Com relação aos países da América Latina, foi significativa a migração para a Argentina e o Brasil.

As condições de desenvolvimento do capitalismo nos seus países de origem explicam a saída desses milhões de indivíduos. Embora os movimentos de população não tenham necessariamente o caráter diretamente compulsório, como no caso da mercantilização do escravo, eles resultam de constrangimentos. Pierre George fala de migração não só como deslocação humana, mas como irradiação geográfica de um dado sistema econômico e de uma dada estrutura social. Na maioria das vezes é um empreendimento controlado: um ato político. As emigrações, além de revelarem a impossibilidade permanente ou episódica de assimilação de contingentes populacionais, postos em movimento pelas modificações da estrutura econômica nacional (crise de desemprego), correspondem, muitas vezes, a instrumentos de uma política imperialista. As circunstâncias da emigração, nesse caso, referem-se às condições da partilha do mundo pelos impérios coloniais e neocoloniais.

No Brasil, a maioria da imigração envolveu uma população expropriada e empobrecida.

É neste sentido que José de Souza Martins fala, em *A Imigração e a Crise do Brasil Agrário*, que a maioria da imigração para o Brasil e em especial a italiana, decorreu da desaparição do campesinato no seu lugar de origem. Aparentemente instalados aqui, nas fazendas de café ou nos núcleos coloniais, os imigrantes preservariam um modo de vida camponês. Contudo, o sentido desse processo era a criação de um proletariado potencial.

Com o colapso do regime de trabalho escravo no Brasil, deu-se, em meados do século XIX, a progressiva substituição do cativeiro pelo trabalho livre. As correntes migratórias para o Brasil, dos fins do século XIX às primeiras décadas do século XX, respondiam à necessidade cada vez mais premente de trabalhadores, pelos grandes fazendeiros envolvidos com a lavoura exportadora.

Toda uma política de colonização, que desembocou em núcleos coloniais particulares e oficiais, apareceu como uma forma de atrair os imigrantes, acenando-lhes com a posse da terra, que estava faltando na Europa. Era uma política de colonização, baseada na pequena propriedade, que se constituía como concessão necessária dos grandes fazendeiros.

A pequena propriedade, reproduzida através desses núcleos de colonização, confinada nos terrenos mais desfavoráveis, seja quanto à localização ou à qualidade, num determinado momento situada nos interstícios das grandes propriedades, apareceu como complemento à reprodução da grande lavoura. Era a necessidade de trabalho e a sujeição do migrante como trabalhador, que sempre apareceu como objetivo principal, mesmo que nem sempre tão transparente.

Tanto as migrações internacionais, como as migrações internas – rural-urbana, rural-rural – comprovam o processo de expropriação (a concentração da propriedade), e de exploração, que marcam o desenvolvimento do capitalismo em países como o Brasil. É preciso fazer um parênteses: o processo de migração envolve interesses contraditórios. É possível grandes proprietários de terra, agentes do processo de expropriação, reagirem em determinado momento com o êxodo, diante da perda de mão de obra barata, ou até gratuita, de suas fazendas; e em outro momento, inversamente, diante da mobilização política dos trabalhadores, induzirem à migração.

Se no discurso sobre o subdesenvolvimento, a migração era um elemento secundário de análise, e era ressaltado o crescimento vegetativo, natural, segundo a literatura em ciências sociais, especialmente a partir dos anos 60, houve uma inversão: o crescimento natural aparece como subordinado à análise da migração. Neste momento, a migração rural-urbana definia-se como fundamental.

O estudo da migração desencadeou uma análise do processo de desenvolvimento, a partir da degradação de determinadas estruturas de propriedade (da pequena propriedade) e consolidação de outras (as grandes propriedades). A dinâmica populacional não aparecia como *exterior*, em última análise, a esse processo, como acontecia quanto ao crescimento vegetativo. Nesse sentido, mais do que nunca, a questão da população se inseria no interior do processo de acumulação. Do desequilíbrio econômico e social tendo como causa o crescimento da população – um fenômeno demográfico – passa-se ao fenômeno demográfico – as migrações – gestado no interior desse desequilíbrio.

Assim, imigração internacional e migração temporária interna são frutos do mesmo processo: a reprodução da grande propriedade no Brasil envolvendo, agora, novos personagens. Os antigos latifundiários foram substituídos pelas grandes empresas capitalistas, nacionais e multinacionais, com interesses agropecuários beneficiados pelos incentivos do Estado, como assistência técnica gratuita e empréstimos bancários com juros subsidiados, isto é, com taxas inferiores às taxas normais de juros de mercado.

Nesse sentido, José de Souza Martins trata, em *Expropriação e Violência*, das barreiras à pequena propriedade, desde a pequena propriedade de famílias de colonos que nasceu condicionada à grande propriedade, voltada para o mercado externo até a crise profunda e mais visível da propriedade familiar, no Brasil de hoje.

Um fato fundamental, nesse movimento de população, é que a migração rural-urbana, quando teve um caráter mais permanente, (isto é, quando o migrante se estabeleceu definitivamente), criou a expectativa de que, na cidade, o migrante teria um emprego, que permanentemente o reproduziria na condição de trabalhador, bem como, a sua família.

Entretanto, muitos estudos demonstram que houve excesso de procura de emprego, em relação à oferta. Os autores se dividem. Uns apontam a falta de elasticidade de nosso processo industrial, para absorver toda a mão de obra disponível. Muitos dentre eles insistem sobre os termos do desenvolvimento dependente dessa industrialização: o estabelecimento dos grandes monopólios internacionais no Brasil e a utilização de técnicas avançadas, que expulsam trabalhadores do mercado. A esse respeito, inversamente, há os que avaliam a substituição da técnica pela utilização de mão de obra barata e abundante.

Esse caminho leva à análise de setores de atividade modernos ou tradicionais reproduzidos nas cidades; ou setores formais e informais; ou, ainda, setores marginais. São várias as formas de interpretação desse fato primordial: o excesso de trabalhadores nas cidades, frente ao volume de emprego.

Há toda uma literatura sobre o volume do setor terciário – os serviços e o comércio – hipertrofiado, na América Latina, que tem como base esse excesso de trabalhadores.

Outros tentaram compreender a importância específica dos setores de atividade "informais", no processo de desenvolvimento da acumulação do capital industrial nas cidades. Alguns discutiram a pertinência do setor terciário. A tese, defendida por Francisco de Oliveira, em sua crítica à razão dualista, é a do crescimento do terciário – absorvendo, tanto em termos absolutos, como relativos, uma massa crescente de força de trabalho disponível – como parte do mundo de acumulação urbano, adequado à expansão do sistema capitalista no Brasil; portanto, não se estaria em presença de nenhuma inchação ou segmento marginal da economia. Outros autores demonstraram que esses setores transcendiam os negócios terciários e envolviam pequenas indústrias e oficinas, que mantêm importantes ligações com os setores mais modernos. Esta é a posição de Paul Singer, em *Economia Política da Urbanização*, ao tratar da expansão do setor monopolístico, criando, ao mesmo tempo, direta ou indiretamente, atividades competitivas, de exploração extensiva de trabalhadores (isto é, maior utilização proporcional de trabalhadores, frente aos equipamentos, com jornadas mais longas de trabalho). Um exemplo citado é o da indústria automobilística e a reprodução, a partir dela, das oficinas de conserto. Milton Santos, em *O Espaço Dividido*, caminha na mesma direção quando discute o circuito inferior da economia urbana dos países subdesenvolvidos. Este circuito, além do terciário, envolveria o artesanato, as formas pré-modernas de fabricação, congregando trabalhos mal remunerados e temporários. Destaca esse circuito como "função das condições históricas da introdução das modernizações", portanto, que se reproduz ao lado, e não independentemente, do que qualifica como circuito superior da economia – aquele que utiliza tecnologia importada e de alto nível, para o qual o papel dos monopólios e do Estado, ao criar infraestrutura, é fundamental.

Muitos autores estudam esse excesso de força de trabalho (gente à procura de emprego), como um exército industrial de reserva. Sendo massa de trabalhadores disponíveis no mercado pressionam os salários dos que estão empregados, de forma que eles não cresçam, na proporção em que aumenta a produtividade do trabalho.

O processo de concentração da propriedade fundiária no campo, com o desenvolvimento do capitalismo no Brasil, que continua expulsando milhares de pequenos lavradores de suas terras, justifica, segundo José de Souza Martins, que se continue a estudar o processo de expropriação combinado ao de exploração, na definição dos termos específicos desse desenvolvimento. O movimento dos sem-terra demonstra o agravamento do nível dos conflitos. Entre 1950 e 1970, diminuíram em um milhão e meio os empregos no campo.

Há um deslocamento da agricultura de subsistência, da pequena propriedade, dentro das fazendas, para os sítios, e sua redução à propriedade familiar: a "agricultura de subsistência se desloca, assim, das terras mais férteis, ocupadas pela agricultura capitalista", (utilizada, de modo geral para a produção de artigos exportáveis e matérias-primas industriais) para terras menos férteis, e mais distantes dos mercados.

Discorrendo sobre a importância cada vez maior das migrações temporárias, em *Não Há Terra Para Plantar Neste Verão*, José de Souza Martins alerta para os termos não só da expropriação, mas dos níveis de exploração a que está sujeita a classe trabalhadora no Brasil.

Dos 40 milhões de migrantes no Brasil, muitos são os que saem para depois voltar para sua área de origem; muitos o fazem de forma intermitente: trabalhadores rurais que migram temporariamente para as cidades, em busca de trabalho na indústria, na construção civil ou no setor de serviços; ou que migram temporariamente para outras zonas rurais, aproveitando o período de entressafra de suas próprias lavouras; "trabalhadores assalariados (os chamados 'boias-frias') que se afastam de seus lugares de residência por vários dias ou semanas, levados pelo 'gato' para trabalhos temporários"; camponeses e seus filhos levados para trabalhar como peões na derrubada de mata e formação de fazendas, especialmente, na região amazônica, etc.

Esse fenômeno ocorre em todo o mundo: os australianos empregavam mão de obra estacional indiana, repatriada após os trabalhos agrícolas. Na Europa, o recurso à mão de obra temporária é um fenômeno antigo, em detrimento da imigração de implantação. Boa parte dos norte-africanos, espanhóis e portugueses na França são migrantes temporários.

Esses trabalhadores vivem em situação de extrema exploração com salários irrisórios e contratos de trabalho irregulares. Trata-se, segundo Martins, da "clandestinização das relações de trabalho". Sobrevivem porque, geralmente, suas mulheres e filhos ficam trabalhando na pequena unidade familiar de produção, que deixaram. O trabalho agrícola autônomo de suas mulheres e filhos, fadados à doença, à pobreza, ao analfabetismo permite, portanto, sua superexploração.

Quando a família segue com esse trabalho para a cidade, ela se incorpora ao mercado de trabalho, em atividades desqualificadas, e de baixa remuneração, e passa a viver em favelas, cortiços, em submoradias, de modo geral.

Os "peões" de Cubatão, trabalhadores da construção civil, constituem a maioria favelada da cidade. Segundo pesquisa que realizei entre eles, a cidade atrai de forma mais permanente, parte de seus migrantes. Eles levam a família, já que o trabalho da construção civil é constante e se amplia continuamente com o desenvolvimento do centro industrial. Contudo, sua reprodução como trabalhador se dá como trabalhador temporário; ele muda de empreiteira constantemente, às vezes, durante uma mesma obra, fazendo vários contratos de trabalho temporários. Isso define formas extremas de exploração de seu trabalho, com salários irrisórios, longas jornadas de trabalho, irregularmente remuneradas, sem o pagamento devido pelas horas extras, etc.

Foi possível vislumbrar, também, formas compulsórias de migração, através de arregimentadores de trabalhadores, representantes das grandes empreiteiras de construção civil, que com promessas ilusórias, orientam o sentido da migração. Ocorrem, inclusive, formas de sujeição, através do endividamento, a começar pelas despesas da viagem que são debitadas ao trabalhador.

José de Souza Martins define três grandes correntes internas de migração: a mais antiga, a de trabalhadores do Nordeste para o Sul, "particularmente São Paulo, Rio e Paraná, procedentes sobretudo do Rio Grande do Norte, Paraíba, Pernambuco, Alagoas, Sergipe e Bahia. Do Nordeste particularmente Ceará, Piauí e Maranhão sai um outro fluxo migratório em direção ao Norte e ao Centro Oeste, ou Amazônia Legal. Uma outra mais recente é a que se dirige do Rio Grande do Sul e do Paraná para o Mato Grosso e Rondônia". Atrás delas está a história da reprodução do capitalismo no Brasil, seu significado violento, depredador e superexploratório, de amplas camadas da população.

Como vimos, os componentes da dinâmica populacional podem ser examinados no interior dos processos sociais, de mais de uma maneira. Podem manter relações externas com outros elementos desses processos, permitindo quantificações e comparações, mas mantendo uma imagem simplificada, redutora deles. Ou, podem ser concebidos como uma face particular, rica dos processos sociais. Desta forma, abrem perspectivas de análise dos dramas humanos, nascidos das contradições e constrangimentos recentes de nossa sociedade, e das relações e valores, que de maneira deteriorada ou não, são preservados, definindo os termos da reprodução da vida e da morte.

3. A GEOGRAFIA DA POPULAÇÃO NA GEOGRAFIA "CLÁSSICA"

Em primeiro lugar, não se pretende discutir o sentido e a contribuição da geografia "clássica" ou "tradicional". As aspas não indicam a pertinência ou não desses adjetivos, mas o fato de não se querer tomá-los literalmente, o que exigiria um tratamento mais global da geografia. Além do que, mesmo quanto à geografia da população, reconhece-se os limites da bibliografia pesquisada.

Nas últimas décadas, surgiram livros críticos sobre a contribuição e os limites da geografia clássica – o que este livro não se propõe a fazer. A bibliografia de geografia da população, mesmo considerada "clássica", é rica em livros e artigos de vários países, que apresentam diferentes abordagens. Sendo um pequeno esboço da questão, este texto não a abarca na sua totalidade. Mais ainda, a bibliografia na qual nos baseamos, inclui textos que não podem ser qualificados como estritamente "clássicos", especialmente, no que se refere a Pierre George. (Veja a referência bibliográfica, dos textos utilizados, na Bibliografia.)

Por outro lado, a sistematização parcial aqui presente, sugere que a complexidade do mundo atual acabou datando a bibliografia considerada, isto é, ela é fruto de um outro momento, e não dá conta dessa complexidade toda. Além disso, os compromissos da geografia, nas últimas décadas, superam a perspectiva clássica; não é mais possível nos ater a ela inteiramente, pois não se debruça, em profundidade, na formação de fenômenos que hoje já identificamos. Os primeiros capítulos deste livro podem caracterizar, de alguma forma, seus limites.

Esta amostra limitada da produção geográfica, no que se refere à geografia da população, apesar das críticas possíveis, dá elementos para compreender os limites, ainda mais estreitos, dos livros didáticos. Eles vulgarizam ou empobrecem essa bibliografia, e comprometem a formação de milhares de estudantes.

A DIVERSIDADE DE OCUPAÇÃO OU DE POVOAMENTO DA SUPERFÍCIE TERRESTRE

Se, por um lado, nos termos de Pierre George, geralmente, os estudos geográficos da população limitaram-se a um simples esboço de distribuição espacial quantitativa da população e, durante muito tempo, giraram em torno da noção de densidade, por outro lado, a construção da geografia humana, enquanto desvendamento da relação entre os homens e o meio (como obra humana, no interior de uma perspectiva histórica, civilizatória), frequentemente apresentou, como primeiro momento de análise dos fenômenos humanos as questões da população. É comum observar, independente dos trabalhos especificamente da geografia da população, como primeiro capítulo dos manuais ou tratados de geografia humana, o estudo da população, enquanto primeira aproximação da diversidade espacial produzida pelo homem.

Vidal de la Blache, em *Princípios de Geografia Humana*, afirma que, na apreciação das relações entre a terra e o homem, a primeira pergunta deve ser de que forma está distribuída a espécie humana na superfície terrestre, determinando em que proporções numéricas ocuparia as diferentes regiões.

A marca que o homem imprime ao solo, de forma mais ou menos duradoura, seria revelada através do exame das diferenças, dos contrastes dessa distribuição no conjunto da terra.

Esse exame, da parte de diferentes autores, ganha amplitude histórica diversa. Segundo Pierre George esse exame vai de um esboço quantitativo da distribuição espacial do homem, que se sofisticou cada vez mais com os recursos técnico-quantitativos advindos da aproximação com a demografia, à análise histórica mais profunda dos termos dessa ocupação. Textos de outros autores dão peso variado para os elementos quantitativos e históricos.

De qualquer forma, o primeiro momento é o da descrição da distribuição dos homens no espaço.

É comum a utilização da representação cartográfica dessa repartição, dos mapas – por pontos e signos volumétricos proporcionais –, e do cálculo das densidades de população por quilômetro quadrado, em unidades de superfície de diferentes tamanhos.

Wilbur Zelinsky, em *Introdução à Geografia da População*, considera o mapa de distribuição da população um excelente modo de iniciação dos estudantes em geografia. A partir dele, pode-se discutir as origens dos padrões de repartição observados.

Em princípio, a densidade populacional aparece como relação numérica, ou valor indicativo entre população e superfície efetivamente ocupada, mas não sugere nem a diversidade produtiva de uma determinada região (potencial agrícola e industrial), nem a diversidade social da população. Como densidade média, inclusive, não captaria a dispersão e concentração populacionais, mascarando, assim, a realidade geográfica. Apareceria como um modelo abstrato de repartição, já que uniforme.

Embora a densidade populacional se aproxime de considerações sobre a infrapopulação e a superpopulação, essas noções, não sendo de ordem unicamente estatística, podem transcendê-la totalmente, e uma região de densidade constante pode qualificar-se de infra ou superpovoada.

Max Sorre, em *O Homem na Terra*, define como infrapovoada a região ocupada por um grupo de seres humanos demasiado reduzido para explorar suas riquezas, com um nível técnico muito baixo; e, como superpovoada, a região cujos recursos, mesmo com alto nível técnico, não bastam para sua sobrevivência.

Para recuperar a densidade populacional como material de análise, pensou-se em considerar a menor unidade de superfície possível, e num quadro de sociedades fundamentalmente agrárias, a superfície efetivamente cultivada. Neste último caso, ainda assim, haveria inconvenientes: solos de qualidades desiguais, culturas de intensidades diferentes, etc. Na verdade, seria preciso ponderar o dado, nos termos de Pierre George, a partir do "valor da unidade de superfície considerada", valor resultante de suas condições naturais e das técnicas aplicadas à exploração de seu potencial produtivo. De forma mais ampla, a noção de valor de uma superfície envolveria o nível de civilização e o jogo de relações de intervenção para sua "valorização", efetuado por uma dada população. Uma maior densidade da população poderia significar maior cooperação e complexidade da divisão do trabalho.

Contudo, o mesmo autor, em mais de um trabalho, dilui definitivamente o significado da densidade, ou da unidade geométrica da superfície, considerando, por exemplo, em *Sociología y Geografía*, a intervenção da superfície como parte negligenciável na constituição do potencial produtivo, sendo cada vez menos considerada como assentamento concreto da economia, "cujos elementos se dispersam além de seus limites".

De qualquer forma, há ligação direta e complexa entre a geografia da população e a geografia econômica. O nível ou potencial de existência não seria determinado pela unidade geográfica de superfície, mas pela localização da população, referenciada por um marco espacial, definido por critérios técnicos e econômicos, que permitem classificá-lo segundo seu grau de desenvolvimento.

Na URSS, a geografia da população é considerada como um ramo da geografia econômica, no estudo da interligação dos processos econômicos e demográficos. O estudo da implantação das empresas e das unidades territoriais de produção criadas liga-se, estreitamente, à análise da repartição dos habitantes no território nacional, da composição e do dinamismo desses grupos humanos. O nível e a complexidade dessa análise têm várias interpretações.

O sentido, portanto, é o de superar a imagem rudimentar de distribuição espacial quantitativa da população, ou a densidade bruta da população. Entretanto, garante Pierre George que as obras de geografia regional sempre levantaram os problemas das relações entre o número de homens, recursos ou produtividade; as questões da emigração; e a composição nacional das populações.

A geografia como construção de uma imagem diferencial e explicativa da repartição do número de homens na superfície do globo, logo ultrapassa a imagem estática dos efetivos populacionais, retratados em mapas, para perseguir *suas variações no tempo e no espaço*. Isso é feito através dos estudos sobre o crescimento natural da população, que contaram significativamente com a ajuda da demografia, abordando as variações nos nascimentos e nas mortes. Quanto às variações espaciais, para além da descrição das densidades, são fundamentais os estudos sobre migração, dentro de uma análise histórica ampla dos deslocamentos das populações e suas consequências, regredindo, em muitos casos, aos primórdios da história humana.

As migrações aparecem como característica permanente da espécie humana. Max Sorre diz que a mobilidade é a lei que rege todos os grupos humanos, portanto, o estudo da circulação ocupa um lugar importante na geografia humana. Nele está inserida a discussão das raças e das miscigenações, levando à definição das etnias. A questão do povoamento, da instalação sedentária do homem ao solo é mediada pelo estudo dessas variações.

Estamos já num quadro de *ponderação qualitativa dos efetivos brutos de população*. A imagem da população não seria somente quantitativa, mas qualitativa, dependendo também das composições por sexo e idade (as pirâmides de idade), que levarão à população em idade ativa, e sua relação com a geografia econômica; da distinção entre populações rurais e urbanas; da distribuição entre efetivos populacionais de diferentes ocupações profissionais, etc.

A configuração espacial diferenciada da situação e da dinâmica populacionais interessariam à geografia da população. Ela desembocaria, inclusive, nas tensões advindas dessa repartição da população, através da concepção de superpopulação.

FATORES DA DISTRIBUIÇÃO DA POPULAÇÃO

O ecúmeno (onde a humanidade vive), não seria explicado apenas por fatores naturais, mas também históricos. Ele se definiria, no interior do meio geográfico, como uma obra humana. Neste sentido, o desenvolvimento da civilização industrial, permitindo uma produção crescente, seria, segundo Pierre George, fator de acréscimo da habitabilidade do globo. (Sujeito a contradições em face da concentração dos lucros, que tem como consequência reduzir o acréscimo paralelo de população. Trata-se da questão da superpopulação e do desemprego, que recuperaremos adiante.)

Há desigualdade na ocupação dos continentes. Até meados do século XX, por volta de 2/3 dos habitantes da Terra estariam concentrados em 1/7 da superfície do globo. Apesar da variação dos dados a respeito desta desigualdade, era unânime sua concentração na Europa, China e Índia.

A definição dos diferentes fatores dessa distribuição populacional também sugere o caminho da superação de uns em relação a outros. Ou melhor, o aumento da complexidade dos fatores intervenientes.

Assim, mesmo que de forma algo diferente, aparece o reconhecimento das condições naturais na determinação do povoamento; a variação dos dados astronômicos – as latitudes (concentração entre 20° e 60°) –, climáticos, e os relativos à altitude aparecem como essenciais. E principalmente sua combinação. Existiriam climas inumanos – climas frios, de latitude elevada e elevada altitude e climas áridos da zona intertropical – que coincidiriam com manchas brancas do mapa demográfico. O frio e a aridez constituiriam os dois principais fatores repulsivos do povoamento. Os climas humanos, aqueles que toleram grandes acumulações populacionais, seriam climas temperados; e quentes e úmidos. A zona temperada aparece, de início, como a mais densa. A segunda metade do século XX caminha em direção a alterar esse quadro.

Uma análise mais aprimorada possibilitaria reconhecer nessa classificação sumária, e em outras mais primorosas, uma leitura marcada pelo ponto de vista do colonizador. Haveria povoamento, embora "rarefeito", em zonas consideradas inumanas – sabemos que a quantidade deve ser relativizada a partir das diferentes sociedades. Toda uma literatura sobre o papel biológico do clima, ou a configuração biológica do ser humano a partir do clima, ligada à discussão da concentração diferenciada das raças originais na terra, desembocou na interpretação da aclimatação do branco aos climas quentes e úmidos.

Observa-se no interior da geografia, desde uma preocupação geral com a influência do meio sobre o comportamento respectivo das diferentes raças, e sua aclimatação fora do domínio habitual, desembocando, inclusive, com Max Sorre, numa geografia das enfermidades infecciosas e na resistência diferencial das raças às mesmas; até posições claramente colonialistas, preocupadas com a aclimatação do grupo branco.

Haveria, portanto, uma descontinuidade qualitativa dos homens na Terra, sugerida, em princípio, por raças diferentes, definidas por suas características físicas. As raças primárias são: caucasoide, mongoloide e negroide; a partir delas existiriam as raças compostas. Nos termos de Max Sorre, em *O Homem na Terra*, "a distinção maior opõe o grupo das raças equatoriais à das boreais; o conjunto dos tipos negroides, de África, Ásia Sul-Oriental e Insulíndia (melanodermos), à dos tipos amarelos (xantodermos) e brancos (leucodermos) de Eurásia".

Com o contato das raças, as migrações ao longo da história e os cruzamentos, o termo *etnia*, substitui o de raça. Os condicionamentos naturais também são reavaliados, no interior de uma perspectiva histórica – das circunstâncias históricas de instalação da população. O significado humano das condições naturais variou de acordo com os progressos da civilização. Não se estaria estritamente diante de um fato físico. A construção da geografia humana se identifica com a consideração de que não é o meio natural o elemento principal na busca da evolução e dos mecanismos do povoamento, mas as forças criadoras das coletividades humanas, o dinamismo humano. Embora inserido nas condições do meio natural, o homem torna-se cada vez mais emancipado de sua influência direta. É preciso considerar "a força que impeliu a humanidade para além dos limites naturais", força que, por sua vez, exerceu-se desigualmente.

Os meios sujeitos a influências exclusivamente de caráter físico seriam cada vez mais raros, provavelmente até inexistentes.

Pode não haver variações naturais e haver variação populacional. Até as primeiras décadas do século XX, a noção de modo de vida, dentro da geografia, procurava compreender as qualidades da organização dos diferentes grupos humanos para criar recursos distribuíveis. O homem teria criado para si modos de vida, com a ajuda de materiais e elementos tirados do meio ambiente e com a transmissão hereditária dos processos e invenções criados, dizia Vidal de la Blache. Assim, num nível de vida constante ou até ascendente, pode-se pensar no acréscimo populacional. Seriam definidas, inclusive, as noções de infrapopulação, ou infrapovoamento, e superpopulação, ou superpovoamento, com vistas à densidade populacional exigida em circunstâncias variadas, para exploração máxima dos recursos de um território.

Para Pierre George, a noção de modo de vida torna-se insatisfatória, restrita a sociedades elementares, a economias agrícolas simples, já que corresponde a realidades tangíveis para pequenos grupos humanos, de conteúdo social indiferenciado, com vida material rudimentar. Em economias industriais, com estrutura social diferenciada e processos técnicos e econômicos complexos, deve-se substituí-la pela *análise dos sistemas econômico-sociais*. A antiga noção de modo de vida remeteria a uma simbiose estreita da coletividade com o meio natural, através do conjunto de atividades que assegurariam sua existência, não comportando o estágio das diferenciações profissionais ou sociais.

De uma análise da população mundial que privilegiaria, até as primeiras décadas do século XX, o estudo das diferentes raças ou etnias, das religiões, dos gêneros ou modos de vida, para configurar a singularidade dos diferentes espaços, voltados, especialmente a antigas formas de povoamento, se passaria – com a complexidade da organização da produção e vida industriais – a uma outra leitura do povoamento e seus condicionantes, à qual se subordinaria as antigas diferenças.

No nível da geografia cultural, anglo-americana, preserva-se a importância do estabelecimento da identidade cultural da população na compreensão de suas implicações demográficas e geográficas. Apesar da consideração da influência econômica, o comportamento econômico seria uma faceta da cultura.

Pierre George, no âmbito da geografia francesa, em *Geografia da População*, insiste que outras distinções concretas diferenciam e separam os homens. Para além da divisão entre países de economia capitalista e socialista, ele considera que a verdadeira diferenciação do mundo atual seria a que confronta os países industriais econômica e socialmente ditos desenvolvidos, com os subdesenvolvidos. Mais do que ser branco, amarelo ou negro, cristão ou muçulmano, estar sob influência capitalista ou socialista, existiria a consideração do homem como subalimentado crônico ou não. Essa divisão explicaria a desigualdade da repartição da morte, da cultura, etc.

As preocupações que já aparecem, nos anos 20, na obra de Vidal de la Blache, com o *superpovoamento* da China, levando a epidemias e fome, renovam-se, principalmente a propósito dos países subdesenvolvidos.

No que respeita à homogeneização de antigas diferenças de língua, religião, raça, etc., o mesmo Vidal de la Blache já falava das cidades como "cilindro de nivelamento", e do protesto quanto a esse nivelamento, no germe étnico mantido.

A aceleração dos mecanismos de industrialização e de crescimento do capitalismo aparecerão como fatores de diferenciação do povoamento. Sua *concentração radical* é o resultado mais notável, isto é, o fenômeno das grandes cidades. Portanto, para Pierre George, a análise qualitativa da população, nesse momento, exige seu agrupamento em grupos homogêneos: no interior do estudo da *distribuição entre citadinos e rurais* (as concentrações urbanas e dispersões rurais); e *no estudo das grandes categorias profissionais*, entre as quais se divide a população ativa. Além disso, deveriam ser estudadas as grandes unidades sociais dos países de economia industrial e capitalista, as classes sociais, agrupamentos que transcendem os limites geográficos e profissionais.

De uma leitura da população em relação direta com o meio, no interior de coletividades atrasadas, àquela de sociedades mais complexas, houve dentro da geografia da população o privilegiamento, cada vez mais acentuado, dos critérios técnicos e econômicos, para definir o marco espacial de localização de uma dada população.

A diversidade das estruturas sociais e familiares, dos costumes, dos ritos, e de outros fenômenos particulares, no interior de diferentes países e regiões aparece como fundamental nos limites dessa discussão mais específica, mas se diluiria no entendimento de fenômenos populacionais mais abrangentes espacial e economicamente. Por exemplo, no quadro de discussão dos países desenvolvidos e subdesenvolvidos.

Existirá, certamente, uma variação entre enfoques de diferentes autores, acentuando mais ou menos outras diferenças, que não somente as estritamente econômicas; e no limite, autores anglo-americanos insistindo que a cultura é responsável pela personalidade geográfica única da região. As cidades, nesse caso, seriam depositárias não somente de uma complexidade crescente da estrutura ocupacional, mas da maior diversidade de origem racial e étnica, de língua e religião, etc. Mais ainda, o entendimento do que é ou não um recurso econômico se daria no interior de todo contexto cultural.

1º Contraponto:

Evidentemente, a questão da relação população-recursos sempre esteve em pauta, mesmo no interior de uma análise dos modos de vida. E com ela uma preocupação econômica. Contudo, entre outros fatores, o sentido do crescimento econômico e do desenvolvimento técnico, na história recente, não teriam influenciado uma perspectiva de ênfase no econômico? Mais ainda, não se configuraria aqui a importância dada à demografia no interior da geografia da população, redefinindo os termos da leitura histórica da distribuição da população no mundo?

As particularidades históricas deveriam, então, adequar-se a uma estrutura de análise que fixaria certos elementos básicos de medida dos efetivos de população, e sua qualificação, que, por sua vez, criariam determinações quanto ao potencial de desenvolvimento dos diferentes espaços.

A IMPORTÂNCIA DA DEMOGRAFIA NA ANÁLISE GEOGRÁFICA DA POPULAÇÃO

Na análise geográfica da população, a demografia, além de contribuir nos procedimentos de quantificação dos dados brutos de população, definiu material estatístico de cunho mais qualitativo, que teria auxiliado a geografia na caracterização econômica, e no esclarecimento de tensões decorrentes das questões econômicas, no interior de marcos espaciais específicos.

A demografia auxilia na determinação da balança dos nascimentos e dos óbitos ou, em outras palavras, do movimento natural de crescimento da população. Os progressos da medicina e da higiene são destacados na responsabilidade do retrocesso da mortalidade. Quanto à diminuição da natalidade, aparecem interpretações sobre o impacto da revolução industrial e da transformação da estrutura social. Nesta análise, o peso da determinação dos elementos culturais varia, podendo ser destacados a idade para o casamento, métodos e cuidados tradicionais com a criança, fatores religiosos, etc.

Ao geógrafo é reservado determinar a distribuição dos diversos tipos geográficos, fruto desse estudo demográfico e, em seguida, relacionar os caracteres específicos desses tipos, com as formas de mobilização dos recursos (ou as forças produtivas, para alguns) e sua capacidade de distribuição dos meios de existência.

A tipologia geográfica dos países e regiões, a esse respeito, apresenta certa variação, mais ou menos detalhada, mas caminha na mesma direção, a da diferenciação entre países velhos e países de crescimento rápido ou países de crescimento recente.

Por exemplo, Max Derruau cria uma tipologia que classifica os países em: tipo primitivo – aquele de alta natalidade e mortalidade; tipo jovem – forte natalidade e mortalidade débil, de crescimento natural elevado; tipo maduro – natalidade e mortalidade mais baixas, com crescimento positivo, embora moderado; e regime velho, quando o crescimento natural pode ser, inclusive, negativo. Neste último caso, o coeficiente de mortalidade se incrementaria com o volume de envelhecimento da população.

A tipologia chega, inclusive, a discernir certos fatores de explicação da redução da mortalidade: de uma redução relativamente menor, fruto, em especial, da ação medicinal, até uma redução ainda maior, cujas taxas revelariam uma sociedade diferenciada, em que as classes se beneficiariam, ao mesmo tempo, embora de forma desigual, das garantias médicas e de um nível de vida mais elevado. Em países de crescimento recente, e persistência de grande miséria, a juventude da população mascararia o dado. Para aprimorar o cálculo, sugere-se uma análise diferencial da natalidade e da mortalidade, medindo sua distribuição regional e local, chegando-se, inclusive, a investigações por quarteirão, em aglomerações urbanas.

Da mesma forma, o dado de fecundidade afinaria a taxa de natalidade, pois indicaria as perspectivas de evolução do crescimento da população.

As pirâmides de idade e sexo, através das quais se discriminaria a quantidade de homens e mulheres, em diferentes classes de idade, também, expressariam um fator de crescimento demográfico: as pirâmides de bases significativas, isto é, com maior efetivo em intervalos de baixa idade, revelariam a possibilidade de uma maior evolução ascendente.

A composição por sexo e por idades da população, definida pelas pirâmides de idade, possibilita medir os efeitos da situação demográfica sobre as mentalidades, as condições de vida, o consumo. Teria um interesse especial para a geografia econômica, do âmbito da medição do potencial econômico de diferentes espaços.

Através dessa pirâmide, é possível inferir dados sobre o potencial produtivo de uma dada sociedade – a população em idade ativa, isto é, apta ao exercício de uma atividade –, os intervalos de idade que representam uma carga – crianças, adolescentes e velhos –, aqueles em idade de procriar, etc.

Uma correlação entre a população em idade para trabalhar e a população ativa – aqueles que estão empregados ou que no momento estão desempregados, mas já tiveram um emprego – demarcaria a flexibilidade do mercado de trabalho em incorporar essa população trabalhadora disponível.

O volume da população em idade dependente anuncia a emergência de investimentos demográficos – escolas, hospitais, etc. – em detrimento de investimentos produtivos, reproduzindo ritmos lentos de crescimento econômico. Portanto, a pressão demográfica pode reproduzir estágios de subdesenvolvimento.

Adicione-se, à pirâmide de idade e sexo a análise da população inativa – pessoas que não exercem qualquer profissão, devido à idade, doença, abstenção voluntária, etc. – e ativa, discriminando esta última, entre os diversos setores de atividade profissional. Tem-se, assim, uma contribuição da estatística demográfica à discriminação de tipos regionais, estruturas sociais e tipos de sociedades globais.

O esquema clássico utilizado é o da divisão da população ativa em três setores: setor primário, isto é, população produtora de artigos brutos – população agrícola, pescadores, mineiros, etc.; setor secundário – população trabalhadora da indústria, que transforma os produtos brutos; e setor terciário – população voltada aos serviços, no sentido amplo do termo. A partir das proporções relativas de cada setor, e de sua combinação, seria possível caracterizar o grau de desenvolvimento de diferentes sociedades. Por exemplo, a população com setor primário preponderante, ainda que tenha um setor terciário significativo, identificado, inclusive, com parasitismo, definiria economias subdesenvolvidas.

O esquema parece cômodo, embora tenha sido criticado.

Ainda outros dados sobre nível de instrução, de renda, etc., permitem completar a caracterização social dessa população.

Uma primeira definição, embora parcial, do fenômeno urbano, seria sugerida pelos efetivos de população concentrados no espaço, variando segundo convenções de cada país – 2 mil, 2 mil e quinhentos, 5 mil, ou até 10 mil habitantes, a determinar a existência do fato urbano. O tratamento do fenômeno urbano também sugere uma perspectiva histórica, no interior de uma leitura evolucionista do povoamento, discriminando países com predomínio de população agrícola e países de economia industrial. Há distinção do fenômeno urbano nesses diferentes tipos de países. Nos últimos, o agrupamento urbano aparece como criação de aglomerações industriais.

2º Contraponto:

Segundo Claude Raffestin, em *Pour une Géographie du pouvoir*, os recenseamentos modernos coincidiriam com o desenvolvimento do Estado Moderno, a partir de fins do século XVIII. Revelam a vontade de conhecer os recursos humanos com que se conta. Tudo é inventariado, e o inventário é um instrumento nas mãos das organizações: estatais, empresariais, partidárias, etc. Para a propaganda, o inventário é fundamental na configuração do perfil do consumidor, do receptor a ser atingido. O recenseamento definiria um saber, um poder. Para o autor, procura-se fazer crescer e deslocar a população como primeiro recurso de energia, para atender a este ou aquele objetivo. Todos os meios teriam sido utilizados no curso da história: da coerção pura e simples à incitação moral, passando pelo jogo das remunerações, tendo em vista modificar o estoque e mudar sua repartição.

Quando se recorre à imigração, sabendo-se que ela pode modificar a composição racial, étnica, linguística e religiosa da população, inclusive porque a fecundidade dos diversos grupos pode ser diferencial, as políticas de imigração tendem a cercear a entrada de determinados migrantes, visando, por exemplo, a maior homogeneidade étnica.

A demografia, no interior da geografia, embora reflita uma sofisticação estatística maior, portanto, maior controle sobre dados qualitativos das populações, significa um comprometimento metodológico da análise. Ela é apresentada na geografia como auxiliar da geografia da população, na sua configuração como primeira aproximação, primeiro momento, de uma análise mais complexa e especializada, realizada pelos outros ramos da geografia. A geografia da população refere-se, de modo geral, ao primeiro capítulo dos tratados de geografia humana, precedendo as demais "geografias", como já foi dito. O número aparece como um primeiro contato, que sugeriria um desencadeamento mais concreto e complexo. Na verdade, a complexidade histórica de um povo, de suas estruturas sociais, econômicas e políticas, certamente transcendem um modelo ou estrutura de análise indistintamente aplicada. E sua aplicação não sugere um conhecimento como um movimento em direção à leitura dessa complexidade.

AS MIGRAÇÕES

Os estudos geográficos sobre migrações envolvem uma perspectiva histórica ampla e acompanham o fenômeno desde a Antiguidade até nossos dias. O fenômeno do povoamento não poderia ser compreendido sem as migrações. Considera-se desde migrações intercontinentais – detendo-se especialmente, pelo seu volume, na emigração europeia, do final do século XIX às primeiras décadas do século XX – até as migrações a curta e média distâncias, mais frequentes. Sorre fala da europeização do ecúmeno desde o século XVI, com os impérios coloniais. O branqueamento da Terra neste processo, a discussão sobre os problemas de assimilação, especialmente orgânicos, a questão da miscigenação, e a defesa de sociedades brancas contra a penetração de outras raças, são normalmente enfocados.

Definem-se migrações permanentes e episódicas, as transferências autoritárias da população – como a migração de refugiados, o comércio de escravos, etc. – e as migrações espontâneas (aparentemente espontâneas). Delineiam-se motivos políticos e econômicos conjunturais ou causas econômicas mais estruturais. Principalmente, quanto às causas da migração, sugere-se, genericamente, as motivações ou persegue-se, mais de perto, o quadro histórico particular, que a moveu. Entre as afirmações genéricas, está a de definir-se como causa permanente das migrações a pressão demográfica, fruto de um rendimento na área de origem, cujo aumento não acompanha o da população.

Desse mesmo cunho, são definições que imputam à maior fecundidade rural o êxodo rural, não esclarecendo as condições históricas do processo de expropriação. Contudo, outros trabalhos decifram aspectos históricos mais particulares no desvendamento do fenômeno, tal como inserir a emigração europeia durante séculos, na construção econômica do capitalismo, como um dado da irradiação geográfica do sistema econômico e de uma dada estrutura social, e não apenas como um deslocamento humano. Na maioria das vezes é um empreendimento controlado, um ato político. Serve de substrato humano à procura dos complementos de alimentação e dos produtos básicos necessários às novas indústrias, preparam as vias à emigração dos capitais e à venda dos produtos das novas fábricas europeias.

Inicialmente, inclusive, essa emigração foi alimentada pelos países afetados pela revolução industrial, diante da impossibilidade permanente ou episódica de assimilar, nas diversas formas de emprego da nova economia, a totalidade dos efetivos postos em movimento pelas modificações da estrutura econômica nacional. As flutuações do emprego teriam uma repercussão direta nesses movimentos migratórios, qualificados, neste caso, enquanto migrações econômicas temporárias. As economias e as sociedades se diferenciam cada vez mais pela sua maior aptidão em absorver no mercado de trabalho as camadas jovens, e pela maior ou menor rapidez de eliminação dos trabalhadores envelhecidos. Pierre George acentua: as crises e os períodos de desemprego engendram vagas de emigrantes. Haveria um desequilíbrio provocado por uma economia, cuja mecanização e racionalização são aceleradas.

Dessa forma, reproduz-se a contradição entre o afluxo às cidades e a redução quantitativa do engajamento nas atividades de produção. Portanto, a migração rural-urbana comportaria, inclusive, o aumento quantitativo e qualitativo dos conflitos sociais. Por outro lado, para a Europa, a relativa diminuição da fecundidade, nas regiões urbanas, comportaria ameaças quanto ao futuro.

Mesmo nesses momentos, Pierre George não abdica da consideração dos dados de fecundidade, no seio da explicação da emigração, quando garante que a emigração se reduz em certos países da Europa Ocidental, como a Alemanha, com o rebaixamento da fecundidade, a partir do fim do século XIX.

Para Max Sorre, o impulso migratório raramente é um fato simples; resume-se num acúmulo de necessidades, desejos, sofrimentos e esperanças.

3º Contraponto:

São inúmeros os textos sobre migrações, bastante ricos do ponto de vista de uma análise histórica. Contudo, nos limites do que foi lido, dado o compromisso dos autores em assumir uma conotação histórica abrangente, isto é, que percorre vários séculos determinados elementos de análise, que aparecem no decorrer da exposição significativos quanto à compreensão da produção e reprodução de determinadas estruturas econômicas e sociais, não são levados às últimas consequências. Assim, eles podem aparecer inclusive combinados a outros elementos que desviam o foco de análise.

Por exemplo, podem insistir de forma absoluta, sem mediações, na fecundidade da população rural, como motivação à emigração.

A referência aos dados raciais e à miscigenação e assimilação não vem acompanhada da análise do processo de sujeição e de destruição de populações e civilizações. A colonização aparece como ato civilizatório. Albert Demangeon, considerando o decréscimo da população branca europeia, teme a diminuição do dinamismo exterior, por uma menor irradiação da língua e da civilização, criando o inconveniente de, ao recorrer a elementos estrangeiros, ficar sujeita à cobiça dos povos mais prolíficos, que têm seus direitos afirmados.

De qualquer forma, é possível vislumbrar um momento, anterior à afirmação da demografia, no interior da geografia da população, ou em estudos populacionais, em que estruturas rígidas, simplificadas, e a-históricas de análise, não eram tão eficazes.

4º Contraponto:

Com relação à análise das raças e etnias observa-se duas tendências:

1. Uma perspectiva evolutiva, que iria das raças (marcadas por critérios físicos), às etnias e povos (envolvendo critérios de civilização, como as comunidades linguística e religiosa), que, por sua vez, constituiriam uma etapa da formação dos Estados ou de uma estrutura política imposta de fora – a exemplo da colonização –, recobrindo a realidade geográfica e histórica dos povos e a escamoteando.

Diz Pierre George que depois de um tempo a unidade administrativa acaba por tornar-se uma realidade humana tão forte como o povo. Da mesma forma, Emrys Jones, em *Geografia Humana*, destaca que "o acento passou do grupo social ao território. Se antes o indivíduo nascia no seio de uma sociedade determinada, hoje nasce dentro de fronteiras políticas claramente delimitadas".

Pierre George vai mais longe, reproduzindo a concepção francesa de nação (como fato de consciência coletiva). Para ele, nos países mais desenvolvidos, os povos evoluem para forma mais completa e mais consciente de grupamento humano, que é a nacionalidade. E uma mesma porção do território pode reunir mais de uma nacionalidade: nacionalidade majoritária, minorias nacionais, marcadas pela coexistência ou conflitos. O Estado se superporia a uma unidade nacional, no sentido histórico e geográfico, ou englobaria mais de uma nacionalidade (como a URSS).

Para nós, não se trata de deixar de reconhecer o caráter impositivo do Estado e da burguesia, os quais têm a maior influência como processos homogeneizadores, mas ler as *sobrevivências* de certas particularidades raciais e étnicas, sua reprodução conveniente, no seio da constituição dos Estados e classes, e mesmo e inversamente, sua resistência a processos homogeneizadores. Nesse sentido, a história não teria um caráter evolucionista. Certas particularidades poderiam ser preservadas, no âmbito da história específica de diferentes sociedades, capturadas ou contraditórias às estruturas de dominação e exploração, que vieram a se estabelecer no interior do desenvolvimento da formação econômico-social capitalista.

Diz Henri Lefebvre, em *O Manifesto Diferencialista*, que Marx, no *Manifesto do Partido Comunista* (1848), previa as particularidades e contrastes nacionais entre os povos, tendendo a desvanecer-se cada vez mais ao mesmo tempo em que se desenvolvesse a burguesia, a liberdade do comércio, o mercado mundial, a uniformidade da produção industrial, e as condições de vida, que daí resultam. Para Lefebvre, no entanto, "as particularidades locais e nacionais não desapareceram. A burguesia as utilizou, especialmente nos grandes países imperialistas; algumas vezes as destruiu e em outras se reanimou, segundo sua estratégia. Em geral, persegue-se a devastação das particularidades nacionais e naturais, mas estas resistem obstinadamente à uniformização..."

Num exemplo dramático, o nazismo na Alemanha, elaborando sua nacionalidade como exaltação ideológica, recriava suas origens enquanto inconsciente biológico e enquanto entidade supra-humana: a ideia da raça, da raça pura, vem apoiar essa concepção.

2. Outra tendência é a leitura das estruturas socioeconômicas, com ênfase no econômico, através das categorias profissionais, das classes sociais (estas últimas, reservadas à análise do sociólogo), e um tratamento separado das raças e etnias.

Não é apreendida a configuração das estruturas sociais, diante da diversidade do social, que pode comportar resíduos raciais e étnicos, no interior mesmo de uma economia, absorvida também pela técnica e por processos novos e homogeneizantes.

Neste sentido, cada uma dessas categorias de análise aparece enquanto resultado passível de uma ou várias classificações atomizadas, não como partes de um conhecimento dinâmico, no interior do movimento de formação e desenvolvimento das realidades sociais, econômicas, políticas e culturais particulares; numa palavra, históricas.

SUPERPOPULAÇÃO

Em 1938, no capítulo "O problema da superpopulação", do livro *Problemas de Geografia Humana*, de Albert Demangeon, aparece a inquietação quanto ao futuro da humanidade, baseada no crescimento da população da Terra. Posteriormente, esse capítulo foi recuperado por outros geógrafos, na análise da superpopulação.

De início, a questão da superpopulação refere-se à Ásia. Já é possível vê-la mencionada em Vidal de la Blache.

Demangeon adverte que a Ásia precedeu a Europa na expansão demográfica. No século anterior a 1750, o mundo lhe deve o progresso mais substancial da população. As causas desse aumento são próprias dela: vivia ainda independente do resto da Terra. O conceito, neste momento, exprimia a relação entre o número de homens e o potencial alimentício dos sistemas econômicos e sociais dos países de fomes crônicas da Índia e Extremo Oriente. Este conceito, que ia desde uma precária impressão subjetiva da abundância ou superabundância de homens, da ruptura de equilíbrio entre espaço e ocupação humana, até a análise das relações estáticas entre recursos e necessidades, propiciou a definição de um superpovoamento biológico ou uma superpopulação absoluta nesse espaço subdesenvolvido.

Demangeon constata um segundo momento, posterior ao da Ásia, referente aos últimos três séculos, quando há um desenvolvimento extraordinário da população da Europa, com o dobro do índice de crescimento da Ásia. Multiplica-se, assim, assombrosamente a raça branca.

Ele vai analisar esse crescimento no interior da discussão de *superpopulação* e *ótimo de população*. Para analisá-lo, localiza o momento em que o efetivo de população passou a ser temido, sobretudo na Inglaterra, no final do século XVIII, e com a expansão inédita da economia, permitindo uma elevação de vida e a possibilidade da saturação. Considera a esse propósito a teoria de Malthus equivocada. Malthus não teria se dado conta dos progressos técnicos e científicos que incrementam durante o século XIX a produção e transporte de víveres, e dos limites à reprodução dos homens, que a elevação do nível intelectual e de vida comportou, diminuindo a natalidade.

Os teóricos ingleses, alemães e suecos substituíram a teoria de Malthus pela teoria do *ótimo de população* que, como vimos, baseava-se na existência de um estado de equilíbrio ideal, realizado quando a população goza do máximo de bem-estar econômico. O método aparecia como mais flexível e compreensivo para estudar a superpopulação, pois o ótimo poderia variar de acordo com as condições de produção disponíveis e as diferentes capacidades de consumo dos indivíduos. Nessas condições, países igualmente povoados, poderiam estar ou não superpovoados.

Contudo, conclui que o nível de vida não pode ser compreendido se limitado às medidas quantitativas de produção e de consumo; é preciso esclarecê-lo mediante a análise do estado de civilização ou, mesmo, da psicologia nacional, incluindo aí o grau de consciência dos problemas resultantes da pressão demográfica. Haveria superpopulação relativa, ou subjetiva.

O estado de superpopulação dependeria, enquanto realidade subjetiva de as pessoas se contentarem ou não com um baixo nível de vida.

Pierre George, escrevendo na década de 50, a respeito dos países desenvolvidos, argumenta que a noção de ótimo de população é artificial, subjetiva; inclusive racista. Isso aparece também em outros geógrafos. Seria completamente artificial uma definição *a priori* do nível de vida específico e a avaliação do ótimo de população. Implica, na verdade, o reconhecimento de uma compartimentação do mundo em tipos estáveis com certo nível de vida, e certo conjunto de necessidades específicas da raça, do meio, do tipo de civilização. Contudo, acrescenta, é preciso considerar que é tudo móvel: o tipo de civilização, o nível de vida, dada a multiplicidade dos contatos de civilização e as transformações econômico-sociais no mundo. É uma noção que conserva sentido se considerarmos que fornece o índice de povoamento de um dado país, em certas condições de organização econômica e social. Do ponto de vista técnico, o ótimo é tanto mais elevado, quanto mais se sustentar não produtores. E, do ponto de vista econômico, o ótimo é tanto mais elevado, quanto maior for o número de participantes efetivos na partilha da produção. Esta última consideração, conclui o autor, leva à forma de superpovoamento relativo social, atingindo certas camadas sociais.

A noção de superpopulação nesses países vai aparecer enquanto formas de crise do sistema econômico-social capitalista. Se nos países industrializados registrou-se um acréscimo do nível de vida médio, é preciso considerar que as necessidades cresceram mais regularmente que a distribuição (inclusive, sugerindo deslocações geográficas da população). No decurso do século XX, na Europa Ocidental, assiste-se simultaneamente a um acréscimo no nível de vida médio, e à dificuldade cada vez maior de satisfazer a procura de trabalho (desemprego tecnológico) e de participar na distribuição. Pierre George, em *Demogeografia*, faz uma diferença entre superpopulação e superpovoamento. O desemprego criaria superpopulação, mesmo sem haver superpovoamento. O exemplo é os Estados Unidos. O desemprego não seria fruto do superpovoamento, mas do sistema econômico.

A civilização industrial, que teoricamente abriria caminhos a possibilidades de produção (em si mesma fator de habitabilidade do globo), por causa da concentração dos lucros tende a limitar o acréscimo paralelo da população, sugerindo o desemprego tecnológico (com a automação) e, relativamente, comportando um pequeno número de homens produtores. Teoricamente, ainda cria condições de existência de uma massa de população inútil e perigosa, pois que consumidora e reivindicativa.

Para manter os preços em determinados ramos produtivos, e evitar crises de superprodução (como a dos anos 30), investe-se em atividades improdutivas, embora 2/3 da humanidade esteja em situação de subprodução e subconsumo. Compele-se a humanidade a autodestruir-se (através do controle de natalidade, etc.), para conservar as estruturas dos atuais sistemas econômicos e políticos.

Em resumo, Pierre George conclui que o progresso técnico e a organização social adequada responderiam por qualquer desenvolvimento demográfico.

Segundo Sorre, os temores pelo aumento da população não atingirão os países de inspiração comunista, onde predomina uma ilimitada confiança no poder dos homens em dominar a natureza e aumentar o volume dos recursos. O incremento do número de homens se apresentaria como condição necessária para edificar um universo comunista. Esses países condenam o malthusianismo como um "dogma de fé". Os países socialistas serão mais flexíveis, em suas posições, a partir de meados dos anos 60.

5º Contraponto:

De qualquer forma, a geografia da população de Pierre George, que chega a considerações próximas às de Marx, não refaz seu caminho metodológico de análise: estudar o processo de acumulação do capital em seu movimento e enquanto processo de exploração. Isto poderia levá-lo a concluir que formas técnicas desenvolvidas conviveriam com formas de exploração extensiva, mesmo dentro dos países desenvolvidos, no que se refere, especialmente, à utilização de uma massa de imigrantes norte-africanos, portugueses, espanhóis e outros empobrecidos, que migram para a França, Alemanha, Inglaterra, etc. Em *Sociologia e Geografia*, ele reconhece que, mesmo nos países de crescimento demográfico relativamente lento, a contradição entre o aumento da produtividade e de demandas de emprego, determinaria mutações profundas na repartição das atividades profissionais, e na repartição do tempo de trabalho e do tempo de descanso. Agnes Heller fala claramente no aumento da jornada de trabalho, em certos ramos produtivos, em países desenvolvidos, como nos Estados Unidos.

Certamente esse processo de deterioração do trabalho e de exploração intensificada do trabalho, com o uso acrescentado da tecnologia (demissões, aumento dos acidentes de trabalho e de outras doenças, entre os trabalhadores) potencializa-se nos países menos desenvolvidos, onde o exército industrial de reserva, de força de trabalho, é muitíssimo maior.

Claude Raffestin defende a existência tanto de uma geografia da vida como da morte. A organização não manipula só a vida, mas também a morte, para assegurar seu domínio da população. Exemplifica com a Revolução Industrial, quando se teria matado gerações inteiras, através da exploração nas fábricas: morte lenta de crianças, homens e mulheres.

Ainda quanto à leitura geográfica de superpopulação, às considerações de Demangeon, e mesmo de Pierre George, sobre a relatividade dos níveis de vida, e mais ainda, sobre a aceleração das necessidades, seria preciso acrescentar uma outra discussão sobre a própria concepção de necessidade, no interior do desenvolvimento do capitalismo. Isto implica, inclusive, refazer a discussão dos dois autores.

A produção capitalista não tem por finalidade a satisfação das necessidades humanas, mas a valorização do capital. A necessidade aparece no mercado somente sob a forma de demanda solvável (vinculada ao poder aquisitivo do comprador). O aumento da produtividade do trabalho poderia estar diretamente relacionado com as necessidades, caso aquela não se transformasse em produtividade do capital, apropriada pelos capitalistas. Poderia significar a redução do tempo de trabalho de cada trabalhador, e tornaria possível satisfazer necessidades mais elevadas. Para tanto, a riqueza material deveria servir às necessidades de desenvolvimento dos trabalhadores, o que não acontece.

As necessidades no capitalismo são necessidades alienadas, isto é, não servem ao desenvolvimento humano do trabalhador. Qualquer conquista nessa direção depende do grau de civilização do país, e sobretudo das exigências dos trabalhadores, feitas através de lutas. Aos trabalhadores são reservadas desde a limitação das necessidades aos mínimos produtos vitais, até a manipulação de suas necessidades. A sociedade como um todo é alvo desse processo de criação artificial de necessidades, que visa impor novos produtos de consumo. No limite, com o produto, e "ao uso prático se superpõe o *consumo de signos*. O objeto se faz mágico" (Lefebvre). Compra-se o que os produtos representam: felicidade, prestígio, poder, identificação com os ídolos, etc.

Já foram mencionadas a ideologia produtivista e sua crise, isto é, o consumo desmesurado de certos produtos – como carros, televisores, etc. – e as crises que isso gerou: cidades intransitáveis, a questão ecológica, etc. (Lembram-se de um norte-americano equivaler a mais de um indiano, numa nova concepção de superpopulação, desenvolvida nos anos 70?)

Resta considerar que autores como Pierre George acabam, de certa forma, apresentando como padrão desejável de vida o dos países europeus e norte-americanos. É preciso um comprometimento mais decisivo com os problemas e necessidades singulares de cada país, cada povo, cada cultura. Isso pode provocar um desvio em direção a esquemas de homogeneidade, afastando-o de uma análise mais específica da superpopulação nesses países.

Superpopulação em Países Subdesenvolvidos

Chegamos, assim, ao terceiro momento de análise da superpopulação: o dos países subdesenvolvidos, a partir do crescimento populacional, principalmente, dos anos 1950 em diante.

Esse caso é identificado com o da Ásia. Pierre George sugere superar as relações estáticas entre recursos e necessidades dos homens, com que se descrevia, anteriormente, a situação da Ásia. Deve-se tornar as relações móveis, comparando a capacidade de aumento da produção dos diversos sistemas de exploração de recursos, agrícolas e industriais, com o ritmo de aumento da procura. O crescimento demográfico sendo rápido cria um desequilíbrio entre as necessidades paulatinamente maiores de uma população crescente e seu dinamismo econômico, comprometendo a possibilidade de essa população atingir o nível de vida da Europa e América do Norte, definindo assim uma superpopulação relativa. Segundo alguns geógrafos, essa população crescente tende a diminuir o ritmo de crescimento econômico, pois parte dos investimentos é desviada para manter a população jovem dependente.

Em trabalhos relativamente mais recentes, esse crescimento populacional dos países subdesenvolvidos, que responde maciçamente pelo aumento da população mundial, inquieta e levanta a hipótese de estarmos diante do apocalipse. Questiona-se se a revolução técnica e econômica incorporaria esses aumentos, ou se a pressão demográfica, renovada, diante de ritmos lentos de crescimento econômico nos países subdesenvolvidos, não induziria a catástrofes. Segundo Pierre George, em *Sociología y Geografía*, algo grave pode ocorrer caso não se reconsidere os sistemas de troca e de transporte de meios de existência.

A revolução demográfica nos países subdesenvolvidos põe em questão, além dos equilíbrios econômicos, as estruturas sociais e as combinações políticas. O problema do emprego das reservas de população das zonas rurais aparece em todas as partes (a superpopulação rural). Fala-se a esse propósito na necessidade de enormes investimentos industriais; exalta-se a existência de grandes cidades, rodeadas de zonas suburbanas empobrecidas, etc. Os países desenvolvidos tomam sob sua responsabilidade reduzir essa evolução demográfica. Essa "guerra" é feita através dos laboratórios e das oficinas de estudo e propaganda psicológica: as novas armas são os anticonceptivos, garante Pierre George. Ele caracteriza os meados dos anos 60, como o do embate entre o fenômeno demográfico e o desenvolvimento técnico. Se ganhar o primeiro, "o número será causa de miséria e terror."

Embora em alguns trabalhos de Pierre George, diferente do de outros geógrafos mencionados, já apareça a consciência de que essa luta é fruto do desenvolvimento contraditório do capitalismo, todos acabam por insistir na discussão do crescimento demográfico, vinculando a superpopulação nos países subdesenvolvidos ao superpovoamento. Em outras palavras, a superpopulação relativa, nos termos marxistas, viria a ser plenamente incorporada apenas recentemente em geografia.

Em última análise, a superpopulação nesses países acaba aparecendo como uma desarmonia geográfica entre a repartição dos maiores crescimentos e a distribuição dos meios e fontes de produção. A ecologia dos grupos humanos teria sido rompida (o ótimo ecológico dos grupos humanos, de Max Sorre).

Em *População e Povoamento*, Pierre George afirma que em termos de economia dinâmica, as relações entre população e economia refletem a velocidade de crescimento da população e a velocidade da capacidade de emprego e de distribuição dos meios de subsistência das economias. Diferencia as economias ditas de consumo, com ênfase na manutenção da população num elevado nível de vida, e as economias de penúria dos países subdesenvolvidos. A pressão demográfica varia de fraca a forte. Neste último caso, há impasse entre o ritmo de crescimento demográfico e a capacidade de absorção dos excessos de população ativa, numa economia de desenvolvimento lento.

6º Contraponto:

A questão do crescimento demográfico *versus* técnica é a aparência de um fenômeno social extremamente complexo. Insistimos que na base da produção e superpopulação estão os processos de expropriação e exploração.

A nosso ver, dois aspectos merecem ser ressaltados:

1) Um esboço muito sumário dessa complexidade leva-nos a considerar que o desenvolvimento técnico e científico, ou melhor, o desenvolvimento das forças produtivas, com contradições, significou a ampliação da habitabilidade da Terra e o crescimento da população. As contradições são inúmeras. Contudo, persiste como contradição fundamental, do ponto de vista dos países capitalistas, o fato de a produção social ter uma apropriação privada. Isto é, nem toda a técnica, que a humanidade conquistou, é socializada, ou está à disposição de todos ou de uma maioria. Os problemas de miséria, exploração extensa e intensa do trabalho, desemprego, principalmente nos países periféricos, reproduzem-se, *apesar*, e inclusive com a ampliação da utilização da técnica.

A concentração das populações nas cidades é tema crucial dentro da geografia da população. Hoje se compreende que o espaço ganha cada vez mais valor, é mercantilizado, comercializado, está sujeito à especulação imobiliária, enfim, não está à disposição de todos de forma indiscriminada. Massas crescentes de população estão, mesmo que instaladas na cidade, sem direito real a ela: vivem em áreas periféricas, desurbanizadas. É a ruralização da cidade.

Entre os geógrafos mencionados, há os que detectaram formas deterioradas de cidade em grandes concentrações urbanas sujeitas a acelerado crescimento demográfico, como as periferias pobres e desurbanizadas. Esta verdadeira explosão da cidade só pode ser compreendida no interior das estruturas econômicas, sociais e políticas, portanto também espaciais. Essas estruturas mantêm conexões complexas e históricas entre si, não se reduzindo a "instâncias" e não excluem as conjunturas.

É possível, também, estudar o desenvolvimento técnico comprometido com formas deterioradas de cidade. Esse exame envolveria a análise crítica do urbanismo e da arquitetura modernos, como vem sendo feita por numerosos estudiosos.

Essa visão geral, ou a visão das estruturas econômicas e sociais não pode virar uma armadilha para a leitura do mundo em que vivemos. As mesmas estruturas podem desembocar em diferentes possibilidades econômicas, sociais e políticas, que chamaríamos de conjunturas diferentes, ou situações diferentes. Nossa vida é um fato explosivo total. Muitos fatores explicam o que vivemos; inclusive traços culturais. Entre esses fatores, é preciso destacar as portas que se abrem através das revoltas, lutas e conquistas dos sujeitos empobrecidos e marginalizados.

2) Em última instância, o crescimento demográfico aparece como uma contradição no seio do capitalismo. O desenvolvimento técnico e científico, como já dissemos, leva a um crescimento demográfico. De um lado, esse crescimento demográfico se apresenta como possibilidade de ampliar e aprofundar as formas de exploração do trabalhador, através do aumento dos excedentes populacionais disponíveis; de outro lado, teoricamente potencializaria os conflitos sociais e as formas de ruptura das estruturas econômicas e sociais existentes, principalmente ao atingir o universo carente dos países periféricos, pondo em questão a partilha imperialista do mundo. Dissemos, "teoricamente", pois essa análise abstraiu as formas de dominação política e econômica a que historicamente esses povos se sujeitaram, e, ainda, não considerou a coação específica que representa o desemprego maciço.

De qualquer forma, a possibilidade de esses conflitos ocorrerem explica, também, o fato de o crescimento demográfico ganhar dimensões internacionais como um problema, quando da consolidação do mundo comunista, após a Segunda Guerra Mundial, e diante do potencial de sua expansão mundial. As décadas que se seguem são marcadas pela tentativa de constituição da família nuclear (com poucos filhos), nos termos já abordados. Florestan Fernandes fala que estamos diante do imperialismo total. Nesse sentido, diríamos que existiram estratégias políticas dos países dominantes, das quais fez parte o controle de natalidade, para conformar os termos do crescimento dos Estados e de sua população, nos países subdesenvolvidos.

O grande medo do mundo capitalista quanto ao crescimento demográfico dos países subdesenvolvidos parece ter se atenuado, pelo menos no nível dos discursos referentes ao bloco desses países; isso tem sentido dada a eficácia dos métodos e estratégias adotados, as alterações conjunturais, com o fortalecimento do capitalismo e os descaminhos do comunismo real, etc.

O que resta, finalmente, é que esses mecanismos de dominação e controle afetam, no limite, a vida privada.

4. POPULAÇÃO E GEOGRAFIA

A POPULAÇÃO E O HOMEM

Nas primeiras páginas deste livro falamos da dificuldade do estudo da população, dada sua abrangência.

Para muitos geógrafos, ele aparecia, num dado momento, como a primeira aproximação de fenômenos humanos complexos, que seriam plenamente desvendados após estudos, especificamente econômicos, urbanos, rurais, políticos, etc., mais precisos. Para nós, a questão era: seria correto iniciar o tratamento desses vários fenômenos, através da população? Não se trataria do inverso, isto é, em vez de iniciar os estudos geográficos, a população necessitaria exatamente desse processo de desvendamento complexo, que lhe antecedesse e, assim, possibilitasse, a rigor, examinar-lhe o conteúdo, de forma mais completa?

Em outros momentos deste livro, apareceram estratégias políticas, conteúdos socioeconômicos, para além do estritamente biológico, explicando os fenômenos populacionais. Como vimos, há interesses por trás das políticas populacionais – quer sejam políticas migratórias, ou de controle de natalidade. Tais políticas tiveram uma eficácia real. Há levantamentos de dados populacionais – os recenseamentos, em que a população aparece como um conjunto definido, embora mutável no tempo. Daí inclusive, os intervalos regulares de novos recenseamentos – também utilizados e satisfatórios do ponto de vista dos interesses de diversas organizações. Tudo indica que o conhecimento e a prática que a população sugere, nos termos em que vêm sendo formulados, são fatos reais a serem considerados. Não são pura ilusão, totalmente inúteis e irreais e, portanto, descartáveis.

Compreendemos também que esse conhecimento não é crítico. Para tratar a população de forma mais crítica, nós a desfiguramos enquanto agregada coerente e sem desigualdades, e sequer nos contentamos com as formas de qualificá-la utilizadas pela demografia; evidentemente, nos limites de seu uso mais vulgar.

Como conceito, a população se esvazia. Ela é sobretudo uma forma de controle e conhecimento sobre as pessoas, que não tem data. Parece, de tal maneira, genérica, que se adapta a qualquer lugar e tempo. Então, não se define a especificidade, nem desse lugar, nem desse tempo. Em outras palavras, não é um conceito verdadeiramente histórico. Não permite que se persiga a formação, o desenvolvimento e a deterioração de seu conteúdo real.

Foi assim que desembocamos na necessidade de substituí-la por outro conceito, igualmente genérico, mas que guardasse a possibilidade de ler a história humana como um todo e os momentos históricos específicos.

O conceito é o de produção do homem. O homem, ou o ser humano, não é um fato dado, pronto, acabado, que sempre esteve presente do mesmo modo, ao longo de toda a história. A história é, também, a história da formação, do nascimento do homem como ser humano. E, enquanto tal, ele ainda não está, definitivamente constituído. Estas ideias se baseiam em alguns livros de Henri Lefebvre, especialmente, *O materialismo dialético*.

A Produção do Homem

O desenvolvimento do ser humano compreende a relação do homem com a natureza e a relação entre os homens.

Como ponto de partida, temos um homem que é apenas um fragmento da natureza, imerso nela, um ser natural e carnal dado, indefeso diante de instintos naturais – como a fome e o sexo – que revelam sua impotência. Como a impotência aparecia? No fato de que a satisfação desses instintos e necessidades, rudimentares e naturais, só podia se realizar através de outros objetos e seres naturais que lhe eram exteriores. Que poderiam lhe perpetuar a vida ao satisfazer suas necessidades naturais – ou lhe significar a destruição e a morte.

Estamos diante de um ser passivo, que mantém uma luta natural pela vida; como fragmento da natureza vive o indefinido que ela representa, como temor e luta. Um ser para quem o outro, com quem se relaciona, é estranho e exterior. É o mundo da separação, da destruição, da exterioridade, de uns em relação aos outros.

O homem, embora já dado, é, ao mesmo tempo, um corpo de possibilidades, de forças vitais em aberto. Ser da natureza, ela própria constituída como virtualidades indefinidas.

Como compreender a passagem do homem como um ser natural, passivo, para o homem enquanto ser humano, ativo?

Se o imobilizarmos como "coisa", dada, acabada, pronta, será impossível empreender o caminho de sua humanização. É preciso concebê-lo como atividade criadora. O homem, ser da natureza, movido pela paixão, isto é, pelo impulso em direção ao objeto desejado, rompe pouco a pouco a passividade. Cria uma realidade própria. Ergue-se, cada vez mais poderoso, frente à natureza. Esses gestos, a princípio aleatórios e acidentais em direção aos objetos naturais, vão se consolidar como instrumentos e técnicas, destacados da natureza (embora *na* e *pela* natureza). O homem vai tomando, historicamente, consciência dos instrumentos e técnicas, tornando-os sua finalidade, mais que simples meios para obtenção de objetos naturais.

O homem produz um mundo humanizado, fora dele e dentro dele. Não só produz objetos materiais, a partir de material original da natureza, mas objetos especificamente sociais, que não guardam nenhuma materialidade natural. "Cessam de ser imediatos como para o primitivo e a criança. Tornam-se sociais e abstratos" (Lefebvre). Como os mercados, por exemplo.

Ele vai dominando a natureza fora dele, objetivando-se através dos produtos que cria e ao mesmo tempo, domina a natureza dentro dele, seu corpo, seus instintos, sua vida, deixando de ser puro instinto natural, elementar.

Na produção do homem como ser humano há um duplo processo: de objetivação e de subjetivação. Todos os seus sentidos podem, no processo histórico, ser potencializados. Nossos olhos, ouvidos, tato, etc. vão se aperfeiçoando, enriquecendo, através do que produzimos e da consciência que ganhamos da natureza – fora e dentro de nós. Pensemos na música e no ouvido musical que adquirimos.

O homem se destaca da natureza através de sua atividade, contraindo com ela uma relação contraditória de luta e de domínio, mas mais aprofundada, porque ele a conhece e a recria, de forma humana. O desenvolvimento da indústria significa um salto qualitativo e quantitativo essencial nesse processo.

Observemos, entretanto, que a atividade humana somente se configura enquanto relação entre os homens. O homem se constitui como ser humano, enquanto ser social. Sua atividade não é atividade isolada, de indivíduos isolados. É atividade propriamente social, isto é, relações entre os seres humanos. É prática coletiva: *praxis*.

A atividade humana se dá no interior de formas sociais específicas. No Brasil, por exemplo, temos a forma social capitalista.

Compreendendo dessa maneira a produção do homem humano, podemos melhor examinar seu lado negativo (a alienação), que convive com o positivo (o domínio sobre a natureza, dentro e fora do homem) –, e que o pode colocar em risco. A alienação se define como o movimento duplo de objetivação do homem através de sua produção, e de exterioridade do homem em face dela. De realização do homem e, ao mesmo tempo, de estranhamento. De ganho e perda, simultâneos. A alienação é o desenvolvimento das potencialidades da humanidade em detrimento da essência humana do indivíduo e dos interesses de classes sociais inteiras, diz Agnes Heller.

A escravidão do homem, a exploração do homem são formas de alienação em face da sua própria produção. Aquilo que ele produz é do outro, é o outro. Através dessa produção o outro exerce um poder sobre ele. É um processo, ao mesmo tempo humanizador e inumano. Se existe a música, nem todos têm o ouvido musical.

Podemos fazer uma análise histórica da miséria humana que ergueu grandes civilizações. E é fácil constatá-la pois vivemos num país cuja maioria absoluta da população é extremamente pobre – pobre, inumana, animalizada em tantos e tão dramáticos sentidos. Se sequer necessidades básicas, elementares, são satisfeitas (a fome, a morte espreitam inúmeros lares brasileiros) que dirão as necessidades mais humanizadas e humanizadoras produzidas pelas técnicas, ciências e artes? Essa população vive arremedos, simulacros, respingos, resíduos do processo humanizador. E, paradoxalmente, esses resíduos podem, através de técnicas e artes populares, recriar e captar profundamente a história da produção humana, com base numa expressão própria, singular e só aparentemente elementar e superficial. Veja-se, por exemplo, as construções de casas e os cantos populares.

A atividade humana constitui-se num movimento de alienação e desalienação, sendo esta a expressão da luta do homem para se reconciliar com o que produziu.

É preciso esclarecer que esse processo de alienação não se restringe aos mais empobrecidos. Toda a sociedade vive a desumanização. E o tratamento dessa questão também é extremamente complexo. Retomemos uma questão já levantada em outro capítulo: o crescimento do domínio do homem sobre a natureza, concomitante ao escasso desenvolvimento social. Lembrem-se do produtivismo que Henri Lefebvre nos ajudou a entender, ou em outros termos, a ideologia do crescimento ilimitado. Segundo Lefebvre, há um descuramento da questão do desenvolvimento, do aspecto qualitativo, do enriquecimento das relações sociais, das formas de vida, dos "valores". A capacidade criadora está comprometida. Ele diz: o mundo humano da técnica, da acumulação e da indústria tem tenazes lados desumanos, como a destruição da natureza pela era industrial e pelo desenvolvimento da técnica; o uso e abuso da naturalidade para ocultar o fictício, o artificial (as flores de plástico, objeto *kitsch*, o pitoresco, etc.); a transformação do homem em seu simulacro, o homem da quantidade e do crescimento, que só chega aos limites de suas possibilidades – aquele que quer ter vários carros, inúmeras televisões, etc., aquele que vive a manipulação de seus desejos, de suas motivações, tornados necessidades isoladas e fadadas à obsolescência rápida.

Aprofundam-se as contradições do processo de produção do homem, da apropriação pelo ser humano da natureza fora e dentro dele mesmo.

Marx antevia a ação revolucionária da classe trabalhadora como fundamento do processo de apropriação da natureza humana pelo homem.

Henri Lefebvre está diante de um mundo que se tornou mais complexo socialmente. Vislumbra, entre as soluções de contradições sempre aprofundadas, um programa que empregue todas as técnicas na vida cotidiana. Apenas resquícios dessas técnicas são apropriados cotidianamente, o que é significativo, mas insatisfatório. Para compreender as razões disso, teríamos que recuperar a origem da tecnologia dos aparelhos domésticos, das técnicas de construção de casas, etc. Lefebvre propõe a apropriação dessa tecnologia em um urbanismo renovado; não o de construir moradias massificadas, de péssima qualidade, que afasta o homem da cidade e dos outros homens. Mas um urbanismo que seja convergência das técnicas, das artes, das ciências sociais, que ao longo da história se constituíram como campos separados, e foram institucionalizados como tais.

Contudo, o processo de alienação e desalienação cria carências que vão sendo superadas, e substituídas por novas carências mais humanizadoras e superiores. No Brasil, vivemos carências elementares, como se estivéssemos num tempo histórico precedente ao do mundo desenvolvido. Simultaneamente, no entanto, convivemos com realidades técnicas semelhantes às dos países do primeiro mundo, que adquirem, nessa nossa realidade específica, outro significado, segundo José de Souza Martins. Resta analisar esta convivência estrangeira. Portanto, nossas soluções devem conter um caráter singular.

Para um homem favelado, que não conta com água e esgoto, viver em conjuntos habitacionais, massificados, distantes do centro da cidade, pode parecer uma vida melhor. Sua insatisfação dificilmente é percebida. Esses conjuntos significam a superação de necessidades elementares antes vividas.

O processo de humanização do homem, de produção do homem, como um processo contraditório, que recria carências, alienações, tem um sentido de sua superação constante, através do esforço coletivo, revolucionário, consciente. Define criações de carências superiores. E o próprio desenvolvimento das forças produtivas, o desenvolvimento técnico e científico coloca o processo de humanização do homem como possibilidade histórica. Mas a desigualdade do desenvolvimento entre as classes, entre países, entre indivíduos, no interior desse processo, não pode ser menosprezada, assim como a desigualdade fundamental entre uma objetividade aprofundada do ser humano, através do domínio cada vez maior da natureza, e a não apropriação dessa natureza, que compromete na base a humanização do homem. Ocorre, de um lado, a destruição da natureza, e de outro, o homem da quantidade, do crescimento, do consumo desenfreado e alienado, num mundo em que tudo é, cada vez mais, mercantilizado.

A humanização do homem não é um processo fatal, embora seja o sentido da história; isto é, pode haver avanços e retrocessos.

A fusão do conhecimento científico, – que não pode permanecer encerrado em si mesmo, mas deve estar atento à prática social e a seu movimento em sintonia com ela, com o movimento espontâneo das classes trabalhadoras – definido diante da diversidade social dos vários países e de sua história –, fundam a prática revolucionária. E com ela o caminho possível da produção do homem.

Estamos diante, portanto, do tratamento da "população", não apenas como um recurso, um ator, um problema (através da superpopulação), mas, na concepção da produção do homem, como um *projeto*; um projeto que a filosofia perseguiu, e a prática real e histórica torna dolorosa e dramaticamente concreta e realizável.

O homem é uma possibilidade histórica.

"HOMEM AO TRABALHO" E A REGULAÇÃO DE SUA SEXUALIDADE

Se a pirâmide de idade e sexo registra a população em idade ativa, a população teoricamente dependente – crianças, jovens e velhos –, está diretamente ligada a uma explicação da reprodução do subdesenvolvimento (investimentos demográficos contrapostos aos investimentos propriamente produtivos) segundo avaliações que já definimos como eficazes, do ponto de vista do conhecimento do Estado e demais organizações. Na verdade, essa pirâmide esconde o drama social e os conflitos no interior da relação entre os sexos e as idades.

É o outro lado da história, que não tem um sentido estritamente econômico, mas um sentido econômico-social mais amplo.

Falávamos da produção do homem por ele mesmo, dominando a natureza a sua volta e nele mesmo, através da atividade criadora. A relação entre o homem e a mulher, como uma relação imediatamente natural, revela o ser humano constituído como tal, isto é, até que grau ele é um animal, um ser natural e, inversamente, até que ponto ele, socialmente, tornou-se humano.

O controle da natalidade apareceu como uma ideologia, nos primeiros momentos deste livro, envolvendo interesses políticos e econômicos específicos, disfarçados enquanto interesses sociais gerais. É possível compreendê-lo, hoje, do ponto de vista da automação do processo produtivo e, portanto, da menor necessidade de força de trabalho. É possível também compreendê-lo diante da estrutura do capitalismo moderno, que reserva menor importância à família, seja na transmissão da propriedade privada por meio da herança, seja em face da sua descaracterização como unidade de produção, tornando historicamente possível "a desaparição prática da família composta de várias gerações e a redução da família à 'família nuclear'" (Agnes Heller). O controle da natalidade apareceu, muitas vezes, como um ato de violência, esterilizando maciçamente massas populacionais inconscientes de seu significado e sentido. Inversamente, no interior desse processo *desumano* de controle, existe um *resíduo* humanizador, verdadeira conquista do homem, dado seu desenvolvimento técnico e científico: o controle sobre a fecundidade não compromete da mesma forma o amor, como o fez, durante séculos, cuja expressão pode ser o celibato virtuoso, proposto por Malthus. Através dos anticoncepcionais estamos diante da dissociação da fecundidade e do gozo. A relação entre o homem e a mulher não necessita ser imediatamente procriativa. Daí, inclusive, a negação por grupos conservadores dos procedimentos anticonceptivos.

O controle da natalidade data da formação dos grupos humanos. Aparecia como a forma de adequar seu número às precárias disposições de dominação da natureza. A proibição do incesto, isto é, a eliminação paulatina da reprodução entre consanguíneos estaria entre as interdições fundamentais. Faria parte da própria evolução das formas de família nas sociedades primitivas: da família por grupos, com todo tipo de relação entre pais, mães e filhos, até a aparição da monogamia. O tratamento do incesto varia; no século XII, a relação era considerada incestuosa até o sétimo grau.

Henri Lefebvre, em *A Presença e a Ausência*, privilegia outras formas de controle da natalidade ao longo da história, e que ainda hoje podem estar presentes: a castração voluntária – que vai desde evitar relações sexuais pós-parto até a representação da assexualidade como virtude (a imagem da donzela, da virgem eterna ou terrestre, da pureza); o sacrifício dos recém-nascidos; o celibato obrigatório para parte dos membros da sociedade; a importância da prostituição, etc.

A relação entre o homem e a mulher ao longo da história humana foi permeada por interdições morais, instituições e regulações, que recriaram a desigualdade dos dois sexos e reservaram à mulher o papel de reprodutora, procriadora.

Essa desigualdade se constitui, segundo Engels, no interior do desenvolvimento das forças produtivas e da constituição da propriedade privada, diretamente associada à constituição da família monogâmica. A separação entre os trabalhos femininos – cultivo, criação de animais, confecção de vestimentas, etc. – e os masculinos – caça, pesca, produção de instrumentos de trabalho –, privilegiando o homem como produtor e proprietário dos meios de produção, colocam-no dentro da situação familiar como dominante. O trabalho escravo desloca definitivamente o lugar da mulher na produção de meios de subsistência e a reduz socialmente ao papel reprodutor.

A moral pagã, expressa pelos estoicos, na Grécia Antiga, que atinge até os primeiros séculos da nossa era, favorecia a procriação, a propagação da espécie como finalidade e justificação do casamento. Muitos veem nela os germes da moral cristã, que, por sua vez, separa corpo e alma, amor profano e amor divino, admite a relação sexual nos estritos limites da procriação, expurgando-lhe o direito ao prazer. Em outras palavras, o fundamento da repressão se situa na união controlada da sexualidade e da fecundidade.

Data do século XIII o casamento eclesiástico, ou seja, o casamento sacramentado pela Igreja, tornado cerimônia pública e, com o tempo, indissolúvel.

Anteriormente, no interior da aristocracia europeia, ou mesmo nas comunidades rurais, prevalecia o casamento privado, acordado muitos anos antes entre as famílias, independente dos desejos dos cônjuges, visando à perpetuação e ampliação dos bens. O casamento, nesse caso, não era indissolúvel; a infertilidade da mulher estava entre as causas da dissolução. O amor "natural" dentro dessa organização social não fazia parte do casamento.

A família como a definimos hoje, enquanto família conjugal, e espaço privado consolida-se com o desenvolvimento da burguesia, a partir do século XVI. Antes era caracterizada como linhagem: "um grande espaço aberto de sociabilidade constituído por pais, filhos, genros, noras, servidores, amigos, clientes, parentes, confessores" (Marilena Chaui), etc.

Quanto ao Brasil, Marilena Chaui aponta a família antiga, anterior à abolição da escravatura e à industrialização, como de difícil definição, Confunde-se com a unidade de produção, a exemplo do engenho. Para alguns, é uma família patrimonial, articulada com o mercado. Muitos acentuam seu caráter repressivo, com um chefe de família poderoso, em relação à vida e à morte dos escravos, da esposa, dos filhos, dos bois e cavalos, etc.

O desenvolvimento da burguesia e da moralidade burguesa empresta suas imagens das épocas anteriores e da religião mais medieval: o sexo e a rebelião como encarnações do mal.

No interior de uma moral alienada, de repressão do instinto sexual, o cristianismo, também, significou um processo de humanização. Proclamou a igualdade do homem e da mulher perante Deus e as normas morais em relação à virtude e ao adultério. Acentuou, também, o papel do consentimento dos dois esposos, que ocupava um lugar pequeno no modelo leigo.

A partir do século XVIII, a regulamentação do casamento sofre a interferência do Estado, com a realização de uma cerimônia civil, que reproduz a desigualdade entre o homem e a mulher juridicamente. Mais recentemente, introduz-se, em muitos países, no nível do casamento civil, ressalvas à lei da indissolubilidade, através do divórcio. "Mas a Igreja não perdeu o controle das almas dos cônjuges", segundo Marilena Chaui.

As interdições à sexualidade feminina, a relação de propriedade do homem em relação à mulher, sofrem abalos, de forma socialmente desigual, ao longo dos últimos séculos, especialmente no século XX. Define o amor dentro do casamento; liberta o casamento de sua indissolubilidade; e liberta o homem e a mulher do casamento. A moralidade burguesa, a Igreja, o Estado, vão incorporando e refletindo essas mudanças. Contudo, a família ainda é um reprodutor das relações de dominação; a mulher não se reapropriou inteiramente de seu corpo; a castração pela moral persiste, mesmo que metamorfoseada, especialmente nas camadas populares, porque é apoiada pela disciplina do trabalho e da produção.

Muitos autores procuraram avaliar esse último aspecto como Marcuse, Michel Foucault, Henri Lefebvre. Eles retratam de forma diferenciada a disciplina exigida pelo trabalho industrial, que sugere a expropriação do corpo. Esse trabalho não é mais artesanal, qualitativo, nos termos de uma atividade globalmente apreendida pelo seu executor, mas um trabalho especializado, dividido; reduz movimentos e gestos, fragmenta o corpo do trabalhador.

Desenvolvem-se técnicas que não só tendem a transformar o corpo numa máquina de trabalho, como a disciplinar, vigiar e punir os corpos não ajustados à produção, nos termos de Foucault. Criam-se corpos dóceis e assexuados. Na verdade, esse processo de castração, que para Henri Lefebvre, estendeu-se dos animais e eunucos a toda a sociedade, durante a formação do capitalismo, a partir do século XVI, define-se pela produção de um grande vazio em face do corpo ativo, vivo, sensorial, e sensual, que seria então preenchido por representações morais, religiosas, políticas; pela concepção funcional do corpo: órgãos especializados para funções determinadas. O corpo é dividido e mutilado. Entre essas representações estão a vontade do Senhor Deus, o sacrifício e a abnegação, o patriotismo, o trabalho como liberdade, etc. Representações, por vezes, emprestadas de épocas anteriores, e aperfeiçoadas.

O protestantismo que se desenvolve com o capitalismo, proporcionando-lhe as representações e a linguagem, tenderia a um modelo de sociedade sobrerrepressiva. Cada um de nós leva seu Deus junto a si; o ascetismo se dá sem autoridade formal. Cada um de nós se encarrega de reprimir seus próprios desejos e suas necessidades. Ele pode se constituir num processo de autorrepressão.

Marilena Chaui retrata a ética protestante configurando o trabalho como o grande purificador, daquilo que o puritanismo chama de vida suja, na qual o sexo seria central. Os puritanos defendem para todos os seres humanos a disciplina e a contenção.

Outros momentos da vida social do trabalhador – o da vida privada, do lazer –, também são encerrados num processo de cisão, semelhante à divisão do trabalho, que se traduz espacialmente, por exemplo nas distâncias entre o lugar de moradia e o de trabalho; na segregação espacial segundo as funções; etc.

Para Henri Lefebvre em tudo há passividade. No trabalho, as decisões vêm de cima. Na vida privada, são diversos os condicionamentos. Dá-se a própria fabricação do consumidor pelo fabricante de objetos, via televisão ou outros meios. Nos lazeres, privilegia-se as imagens e o espetáculo do mundo ou o mundo como espetáculo. Assim se configuraria a cotidianidade. A família se reduziria à unidade de consumo; o tempo livre esvaziaria seu lado criativo, manipulado por instituições e organizações econômicas como a televisão, a indústria do turismo, etc.

É o momento de recuperarmos a questão da reapropriação do corpo pela mulher. Se, de um lado, como já mencionamos, a mulher ganha direito ao amor no interior ou fora do casamento, deixa de ser apenas procriadora, entra no mercado de trabalho, ganha identidade através dos movimentos feministas, conquista o processo fisiológico da fecundação (verdadeiro poder de ruptura); de outro, perde-se no processo de manipulação das necessidades da sociedade, em que não só se vende mercadorias concretas, mas, especialmente, seus signos, sua imagem, através da propaganda, da televisão, de toda uma elaboração visual hipertrofiada. A mulher é uma das principais vítimas (como consumidora), e um dos principais veículos do processo.

Explora-se seu corpo e sua nudez. Desenvolve-se um entendimento do corpo ideal, bonito, esportivo, gracioso, "natural", ou, mais que isso, um corpo adequado a seus papéis – o de mãe, o de esposa, etc. Isso é reforçado pela ideologia publicitária, o que constitui uma nova perda do corpo real, vivo, ativo, sensorial, substituindo-o por uma imagem. À mulher é reservado o enfrentamento dessa nova forma de alienação. Poderíamos seguramente estender isso à juventude, igualmente envolvida nessa trama, enquanto consumidora e mercadoria.

Se no interior da família se diluem certas interdições e papéis milenarmente estabelecidos e profundamente desiguais, paradoxalmente eles são reestabelecidos socialmente, chegando aos lares em cores, através da televisão ou invadindo as cidades nos *outdoors*. Exemplo: a dona de casa extremada e perfeita, produzida por numerosos produtos eficazes e modernos.

Henri Lefebvre dá destaque especial à imprensa feminina e seu significado no cotidiano da mulher moderna.

No seio dessa discussão, é possível compreender o mesmo autor falando na figura do Pai. Pai como expressão do adulto, do homem feito, completo, acabado, aceitando a vida tal qual é, com seus limites, preenchendo o que se pode preencher entre os limites; figura fundamental na educação das crianças, dos jovens, aos quais serve de modelo. A vida cotidiana, hoje, não realizaria mais essa figura. A figura do Pai tenderia a ser apenas mito, passado instaurado no presente. Hoje em dia, a entrada na vida é rápida, através de modelos e imagens, construídos fora da família através da televisão, cinema, escola, etc. Decorrem desse quadro, entre outros fenômenos, a infantilização do adulto, a masculinização das mulheres, a feminilização dos machos, a precocidade da juventude.

Dessa forma, o autor localiza no cotidiano e no estudo da cotidianidade a reprodução das relações sociais; já não é somente na fábrica ou na família. É nesse âmbito que se reproduziriam novas alienações, e, inversamente, o que as supera e as transpõe. Daí, o pensamento revolucionário comporta reunir os resíduos, isto é, o que escapa à organização, como vida espontânea e desejo.

Contudo, ele mesmo acrescenta algo que para a análise de nossa realidade social é fundamental: para milhões de pessoas, hoje, não se trata de mudar a vida cotidiana, mas de chegar a uma vida cotidiana. Atualmente, estamos na história localizados, ao mesmo tempo, no passado e no presente. Nós do "Terceiro Mundo": milhares de desempregados, de favelados, de expropriados, de migrantes temporários divididos não só entre espaços, mas tempos históricos diferentes, como argumenta José de Souza Martins. Diante da singularidade de nossa história, os mesmos elementos – a televisão, o cinema, a escola, as técnicas modernas, etc. – têm um significado particular, diferente, que precisamos buscar em nossas análises, pois, convivemos, simultaneamente, com esse mundo modernizado e crenças, costumes, trabalhos trazidos do passado, e que sobrevivem.

Henri Lefebvre reflete, e novamente esta reflexão nos atinge profundamente, diante da gravidade e extensão do processo de exploração no Brasil. No que se refere ao futuro da família, das mulheres, assim como da cidade ou do espaço social, as possibilidades surgem no seio das classes médias. Certos representantes dos trabalhadores não têm dificuldade em desconsiderar essas questões. As mulheres do povo e da classe trabalhadora são conservadoras, até que um limite insuportável ponha-as em movimento. Aceitam a maioria das representações correntes. Estão preocupadas com necessidades mais elementares, como comer, beber, dormir, que ainda não superaram.

Resta ainda acrescentar um ponto de vista que aparece, embora de forma diferente, em Henri Lefebvre e Philippe Ariès, e certamente em outros autores: a família, apesar dos múltiplos ataques no mundo moderno, persiste, reforça-se, permanece funcional e estruturalmente fundamental.

Segundo Henri Lefebvre, ela não se reduz somente a um microcentro de consumo e de ocupação de um pequeno espaço local, mas se afirma como um grupo afetivo, reforçado por um sentimento de solidariedade, diante da insegurança reinante.

Philippe Ariès, num artigo intitulado "A família e a cidade", afirma que a família se hipertrofiou como célula monstruosa, quando a sociabilidade da cidade se restringiu e perdeu seu poder de animação e de vida. A cidade como lugar de encontro, de animação se esvaziou; os bairros perderam sua fisionomia própria, deixando de constituir uma comunidade. Os bares (pelo menos para os homens), não eram mais o lugar de encontro, onde transitavam recados, onde se exercia a contestação ao sistema moderno de vigilância e de ordem.

Com a evolução precipitada pelo automóvel e a televisão, a rua, o bar e o espaço público reduzem-se a permitir e manter o deslocamento físico entre a casa, o trabalho e as lojas. Processa-se uma segregação não somente social – bairros ricos e burgueses; pobres e populares –, mas também, de funções – bairros residenciais e de trabalho. E com isso, há um estrangulamento da vida coletiva. O homem recorre, assim, ao abrigo da casa e da família.

"A aglomeração urbana passa então a se constituir de pequenas ilhas, casas, escritórios, centros comerciais, isolados por um grande vazio."

A vida social é absorvida pela vida privada. Uma exceção, embora configurada como limitada, seria a vida dos jovens, ainda marcada por uma experiência direta e espontânea.

Se a cidade deixou de ser lugar de encontro, de troca e de diversão, a casa e a família pretendem desempenhar essas funções, ou seja, todas as necessidades afetivas e sociais. Mas fracassa. Mais ainda, a hipótese do autor é a de que a crise atual da família encontra-se na cidade.

O CAMINHO DAS DIFERENÇAS

O Crescimento Demográfico e a Homogeneização

No decorrer deste livro, desautorizamos a importância do crescimento demográfico, seja criticando Malthus e o contrapondo a Marx, com a concepção de superpopulação relativa; seja diluindo o susto dos neomalthusianos com o crescimento da população no Terceiro Mundo; ou ainda, destacando as migrações no interior da reprodução da população, subordinando, assim, a discussão da natalidade e da mortalidade.

Na verdade, é no interior deste percurso que se torna possível reconhecer, na compreensão da sociedade em que vivemos, um lugar para o crescimento demográfico. Um lugar que não equivale a tratá-lo como um abrigo, um esconderijo em face das questões sociais mais abrangentes, mas situá-lo no interior dessas mesmas questões. É o caminho que perseguimos desde o início, mesmo que a custa de descentralizá-lo. Marx é feliz quando afirma que, embora o incremento natural da população trabalhadora não satisfaça às necessidades da produção no capitalismo, é demasiado grande para sua absorção total.

Hoje, o crescimento demográfico se destaca como uma das razões, entre tantas outras, para a manutenção de esquemas de homogeneidade, baseados nos imperativos da indústria, da organização e do crescimento, em vez de ressaltar os diferentes problemas para cada país, para cada povo, para cada cultura. Mais ainda, induziria, novamente entre outras razões, à perspectiva do crescimento ilimitado da produção e da produtividade.

No caso dos países subdesenvolvidos, a questão é ainda mais complexa, pois vivemos uma situação de penúria, social e econômica, que nos impele ao crescimento, tornando-nos vulneráveis à ideologia do crescimento ilimitado. Em outras palavras, o crescimento aparece como vital à satisfação de necessidades básicas, ainda não satisfeitas.

Isto não elimina a crítica a um modelo de crescimento, que se consolidou, no qual está implícito o esvaziamento do desenvolvimento social, isto é, o desnivelamento entre crescimento econômico e desenvolvimento social, mesmo com necessidades básicas satisfeitas.

A respeito da controvérsia crescimento econômico-desenvolvimento social, é necessário um parênteses, que envolve, preferencialmente, a migração, na explicação dos termos do crescimento. É urgente fazer uma ressalva fundamental, baseada em autores como Allen Scott, da Universidade da Califórnia. Em conferência no Brasil, em junho de 1990, avaliando o surgimento de novas formas de produção industrial, Scott destaca a emergência de formas de superexploração do trabalho nos países desenvolvidos, à margem das conquistas sindicais já adquiridas. As empresas se valem dos migrantes, a maioria clandestinos, e da utilização maciça do trabalho feminino, entre outras artimanhas, para sustentar em novas bases o crescimento da produção. É nesse sentido, também, que José de Souza Martins define o fenômeno das migrações temporárias como de cunho internacional, facilitadas pelas novas formas de comunicação. E conclui que "por trás, está a questão mais importante: a *clandestinização das relações de trabalho*, a falta de contrato de trabalho, a burla de direitos, o barateamento da mão de obra..."

Estamos, portanto, diante de mais de uma forma de pobreza: da reprodução ampliada da pobreza absoluta, mesmo nos países desenvolvidos, até a produção de outras pobrezas, como a restrição da vida coletiva real, do espaço lúdico. Formas estas, que sustentam o crescimento ilimitado. O que leva Henri Lefebvre a propor refutar-se a prioridade do econômico e do quantitativo.

O crescimento demográfico, entre outras razões, tornaria mais "natural" a lógica da quantidade, em detrimento daquela da qualidade. Técnicas para dar conta das quantidades não faltam: teoria da informação, cibernética, etc. A emergência dos números, das necessidades básicas de milhões de famintos, a serem satisfeitas, justificam esquemas análogos, homogêneos, de quantificação e codificação dessas necessidades. Técnicas aprimoradas permitem calcular quantas escolas, postos de saúde, casas, etc. são necessários, no corpo de uma vida social reduzida.

Os conjuntos habitacionais são uma expressão espacial do que estamos tratando. Em São Paulo, são milhares os inscritos na Cohab – Companhia Metropolitana de Habitação de São Paulo – à espera da casa própria (cerca de 490.000 inscritos). Além disso, são inúmeros os casos de invasão de casas e apartamentos, construídos nos conjuntos, muitas vezes, sequer terminados. Contudo, costuma-se dizer, "podendo, ninguém envelhece num conjunto habitacional". Eles podem consistir no esvaziamento da vida urbana. Reúnem milhares de pessoas na periferia, dividindo habitações iguais e de reduzidas dimensões, a maioria edificações de apartamentos, contendo até sessenta famílias por blocos. São espaços maciços de habitações, envolvendo pequenos centros projetados para serviços e comércio básicos, construídos segundo a contabilidade de sua suposta necessidade, em face do número de habitantes previstos, contabilidade que sempre sofre reacomodações, perante as exigências dos moradores associados, em termos de quantidade.

Embora possam ser definidas, pela sua dimensão, como verdadeiras cidades (o Conjunto Habitacional José Bonifácio, em Itaquera, São Paulo tem mais de 100 mil habitantes), representam seu simulacro, na forma de espaços segregados, projetados segundo modelos que prescrevem o crescimento possível e restringem a qualidade. Reproduz-se o reino da sobrevivência, a instalação na pobreza, onde tudo é idêntico e elementar. Ocorre uma forma de discriminação espacial da população empobrecida, e sua reprodução nos limites de sua pobreza e de suas pretensas e reduzidas necessidades. A vida social ativa dos bairros operários está comprometida nesses conjuntos. São comuns casos de demolição, depredação dos grandes conjuntos, em países desenvolvidos, conjuntos que na Europa do pós-guerra eram a solução à destruição maciça das habitações durante a guerra. O que serviu para reavaliar esse modelo urbanístico.

Inversamente aos países desenvolvidos, nos países empobrecidos, sujeitos a enormes déficits habitacionais, a experiência dos grandes conjuntos habitacionais continua se repetindo. Ela tem um significado político diferente do que teve em países europeus; ao invés de provocar o afrontamento ao poder, em países como o nosso tende a fortalecê-lo (inclusive pelas formas de controle da vida urbana e da vida privada, exercidas pelo Estado, nesses conjuntos habitacionais: promoção de programas de desenvolvimento comunitário, controle do uso dos espaços públicos, etc.).

De qualquer forma, trata-se de uma experiência que possibilita um processo de massificação e discriminação espacial; portanto, de reprodução das desigualdades sociais, no interior de esquemas homogeneizadores.

A pressão demográfica favorece a deterioração da vida urbana nas grandes cidades, que explodem em centros congestionados, em grandes condomínios periféricos e luxuosos, em periferias empobrecidas e desurbanizadas. Isso evidentemente nos limites históricos do desenvolvimento do modo de produção capitalista portanto, em espaços homogêneos, funcionalizados cada um com sua função, esvaziados da multiplicidade de significados possíveis como lembra Philippe Ariès em sua discussão sobre a cidade – e hierarquizados.

Se a pressão demográfica aparece como uma das razões dessa grande estratégia, a de homogeneização, própria de nosso tempo o espaço define o instrumento. Ele, então, configura uma mediação concreta e prática, como é o caso de modelar o espaço através dos grandes conjuntos habitacionais. As antigas particularidades, os modos de vida singulares perdem terreno, principalmente nas grandes cidades. Daí se concluir que certas particularidades ao se manterem, constituem formas de resistência, de apropriação desse espaço homogeneizante.

José Guilherme Cantor Magnani, ao mencionar a população trabalhadora migrante de São Paulo, insiste que as tradições dos migrantes não se mantêm, a rigor, na grande cidade; são transformadas. E, ao mesmo tempo, configuram o espaço de São Paulo. Suas tradições, metamorfoseadas na grande cidade, permitem momentos de criatividade e de lazer próprios. São oportunidades de esquecimento das dificuldades do dia a dia, oportunidades de encontro, de estabelecimento de laços, vínculos de lealdade e construção de diferenciações, configurando os "pedaços". Espaços intermediários entre o privado e o público, onde se desenvolve uma sociabilidade básica e enriquecida, para além das relações formais impostas. São porções do espaço determinadas pela rede de relações sociais, que dessa forma se consolida. Essa sociabilidade se forma a partir dos serviços básicos – locomoção, abastecimento, informação, culto, entretenimento, que fazem do espaço ponto de encontro e passagem – e em seguida desenvolve-se pela malha de relações que articula laços de parentesco, de vizinhança, de participação em associações vicinais, esportivas, religiosas, etc.

Esses espaços resistiriam a serem reduzidos à indiferença, à funcionalização estrita. Guardariam mais de uma função. As ruas não seriam apenas lugar de passagem, mas de encontro; assim como os bares, as padarias, etc.

Henri Lefebvre chama a esses espaços, espaços concretos, diferentes dos espaços abstratos, projetados pelos urbanistas, arquitetos, planejadores. Assim, por exemplo, os conjuntos habitacionais são projetos arquitetônicos e urbanísticos, mas definem espaços concretos, enquanto espaços vividos por seus usuários, que se apropriam do espaço concebido pelos especialistas, através de suas representações, formas de ser, modos de viver. Os espaços projetados são mais ou menos flexíveis a essas expressões vivas. Podem reduzi-las ou fazê-las aflorar. Podem ser mais ou menos permeáveis, enquanto lugares de reencontro. É preciso saber avaliar, portanto, as contradições entre o espaço concebido e o espaço concretamente vivido. É uma tarefa complexa, que implica acompanhar o processo de produção e reprodução desse espaço, destacando seus sujeitos: o Estado, as empresas, os moradores e suas associações, etc.

Foi dito que o crescimento demográfico favorece formas menos plásticas de produção do espaço, mais repressivas, massificantes, redutoras da vida coletiva real. Favorece, portanto, formas de dominação, de integração, de exploração, de reprodução dessa sociedade baseada na desigualdade social, valendo-se do espaço como instrumento.

Por outro lado, esse significado do crescimento demográfico só tem sentido nos limites de uma sociedade assim desigual, voltada ao crescimento ilimitado, que coloque o acento no econômico e no político, em detrimento do desenvolvimento social, e no quadro atual do desenvolvimento das ciências, das técnicas, e de sua mundialização. São determinações tecnológicas, demográficas, etc. que se inscrevem no espaço.

Nessa sociedade, o crescimento demográfico está entre outras causas que acentuam os critérios de sobrevivência, antes daqueles de vida. Recria contradições que clamam por outras formas de gestão do espaço, menos centralizadas, a autogestão.

Aproveitando o exemplo de Magnani anteriormente mencionado, existiriam conteúdos diferenciados em estruturas e formas semelhantes? No seio do homogêneo, manifestar-se-iam "diferenças decorrentes da história das sociedades, dos grupos, das classes, dos povos, das nações"? Existiriam resíduos que podem compor uma resistência efetiva (prática)?

Para Henri Lefebvre a história continua, as diferenças se reproduzem, os resíduos escapam; apesar da mundialização das técnicas, da imposição de técnicas análogas, dos indivíduos imersos no seio do crescimento demográfico.

As "Diferenças" Consentidas e as Diferenças Produzidas

No seio do processo de homogeneização persistem particularidades raciais, étnicas, nacionais, sexuais, enfim, sociais. Particularidades que podem se afirmar no interior de lutas, de contestações, enquanto diferenças reais, na forma da restituição das identidades diferentes. Isso envolve o reconhecimento a esses grupos, de sua vontade coletiva específica, de seu modo de ser, de suas representações do mundo e de seu conteúdo histórico.

Essa tentativa de afirmação pode ser facilmente observada, através dos noticiários sobre os movimentos e conflitos existentes hoje no mundo inteiro. No entanto, somente uma análise mais profunda pode determinar seu sentido e significado reais.

De qualquer forma, a constituição do mercado mundial, a uniformização da produção industrial, a proletarização de enormes massas de trabalhadores não anularam todas essas particularidades. Na verdade, valeram-se de muitas delas, sem as destruir necessariamente, como mecanismos de dominação. Ao mesmo tempo, com isso, recriaram formas de conflito.

No século XIX, estruturava-se um pensamento antropológico e etnológico europocêntrico, ingênuo ou comprometido com o processo de colonização, para o qual as desigualdades raciais e étnicas apareciam como etapas de um desenvolvimento único e linear da civilização. Definia-se, assim, povos inferiores e superiores, os primeiros sujeitos à aculturação dos últimos. A partir de meados do século XX, mais exatamente após a Segunda Guerra Mundial, afirmou-se mais claramente, no nível internacional, a tese da igualdade dos povos e das nações, uma vitória sobre a tese fascista da desigualdade das raças. A Declaração Universal dos Direitos do Homem, aprovada por unanimidade pela Assembleia Geral das Nações Unidas, de 10 de dezembro de 1948, prescreve-a no nível do direito escrito. Pode-se resumir esse entendimento da seguinte forma: a cultura é universal; todos os povos, indistintamente, participam dessa universalidade.

Para Henri Lefebvre, em *El Manifiesto Diferencialista*, esse momento de negação da existência dos povos ou "culturas" privilegiadas, através da identidade ou analogia inata entre culturas ou modos de vida, anuncia um terceiro momento, em que cada um tem sua razão de existir, isto é, uma razão de não identidade e de não semelhança, descobrindo sua diferença, situando-a e acentuando-a. Ele não descarta que isso contém riscos.

Alain Finkielkraut, em *A derrota do pensamento*, insiste nos riscos. Para ele, sob um outro ângulo, desfaz-se, de fato, a ideia de uma evolução humana linear, e a multiplicidade não é mais racial, isto é, não se insiste sobre a biologização das diferenças, mas cultural, comportando a possibilidade de técnicas, costumes, instituições, crenças particulares. Teme, contudo, que se crie desta forma o fetichismo da diferença, a religião da diferença. O conceito unitário de homem, de porte universal, daria lugar à diversidade sem hierarquia das personalidades culturais, etnias múltiplas e incomparáveis, sem medida humana comum, o que permitiria, segundo ele, nacionalismos escondidos na identidade cultural e significaria uma nova forma de racismo – na medida em que se confrontaria com a possibilidade de entrar em contato com a comunidade de cultura. Isto é, entrar em contato sem que a descoberta das diferenças esgote a comunicação ou a continuidade cultural da humanidade.

De qualquer forma, embora a afirmação de diferenças tenha produzido impasses, ou substituído um racismo por outro, nos termos de Alain Finkielkraut isso se deu e continua se dando no interior da capturação das diferenças ou, em outras palavras, da sua utilização na perpetuação das desigualdades, das formas de dominação e exploração. Certas particularidades são acentuadas, pois elas "justificam", tornando naturais, as desigualdades sociais. Por exemplo, a discriminação dos negros, com implicações econômicas – como salários mais baixos, tarefas inferiores, discriminação espacial –, tem sua origem na escravidão.

Claude Raffestin insiste no fato de as diferenças raciais e étnicas constituírem um fator político. O poder político utiliza-as e as manipula, seja afirmando a unidade, na tentativa de homogeneização, seja afirmando a pluralidade, quando convém. Nos termos do autor, a estratégia é isolar e explorar os grupos dominados, manifestando diferenças nas quais se encontra a legitimação do poder exercido.

Na verdade, conviveríamos com formas de tratamento das diferenças, na base da noção absoluta da inferioridade e da superioridade; basta observar as formas de racismo, de discriminação, que ainda persistem. Entre as mais visíveis, destaca-se a discriminação espacial: reservas, guetos, quarteirões negros, etc., que para Raffestin constituem-se meios de impor, de fato ou formalmente, relações dissimétricas.

Somam-se à discriminação espacial outras formas de discriminação menos visíveis, como as diferenças salariais, o direito diferenciado à educação – programas educacionais diferentes, segundo os grupos étnicos, etc.

Para Raffestin, o crescimento da Europa Ocidental, no período de 1950-1970, foi realizado ao preço do isolamento, da rejeição e de numerosas injustiças aos trabalhadores imigrantes (italianos, espanhóis, turcos, norte-africanos, etc.), habitantes de guetos de trabalhadores estrangeiros. Já mencionamos o significado crescente das migrações temporárias e dos imigrantes clandestinos, facilitando a superexploração do trabalho, no mundo inteiro.

Por isso, as relações entre as classes sociais – dominantes e dominados, proletariado e burguesia, etc. – são permeadas por configurações de estratificações, por um processo de hierarquização, baseados ambos em diferenças raciais, étnicas, nacionais. Ocorrem, muitas vezes, estratificações fósseis – como aquelas que são vestígios históricos de uma estratificação étnica, correspondentes à época colonial –, que reproduzem preconceitos e configuram a estratégia das "diferenças" consentidas.

Portanto, ao processo de homogeneização se agrega um processo de hierarquização, no interior de "diferenças" consentidas.

Não se trata, assim, da identidade cultural legítima, da diferença produzida e descoberta no desvendamento da dominação sofrida. Essa diferença aparece em forma de conflitos e contradições dessas formas de sujeição social.

José de Souza Martins, em *Expropriação e Violência*, fala do processo de emancipação do índio no Brasil, realizado pelo Estado, como uma forma de homogeneizá-lo social, cultural e politicamente, aprofundando o processo de dominação. Configuraria uma estratégia do poder, no momento mesmo em que o índio reelabora, em bases políticas, sua identidade tribal, expulsando o invasor.

Sua emancipação, definida assim de forma perversa, permite englobá-lo mais facilmente no universo da desigualdade, segundo critérios contratuais racionais e burgueses de igualdade jurídica. Institui formas racionais e contratuais de relacionamento entre o índio e a terra: o Estado emancipa a terra em relação ao indígena, negando a terra como propriedade coletiva e fundamento da existência do índio.

Os índios são removidos para territórios indistintos e esse processo dessacraliza a terra indígena, brutalizando o índio. Para muitos, abandonar terras ancestrais configura-se como falta grave. Desvincular o índio da terra, equivale a ocupar as terras assim "disponíveis". É uma forma de não rever a estrutura fundiária brasileira, abrindo novas fronteiras à custa da deterioração da identidade tribal do índio, da destruição de seu espaço e modo de ser, como etnia, língua, cultura e futuro, até certo ponto, particulares, como explica Martins. É a precipitação da vinda do índio para as cidades, sua superexploração e transformação em mendigo e alcoólatra.

Portanto, as particularidades étnicas e raciais não podem ser examinadas enquanto ligadas a condições e circunstâncias locais, isoladas e exteriores entre si. São, na verdade, o ponto de partida para a produção e afirmação de diferenças no seio de confrontações.

Exemplificando através de José de Souza Martins, a propósito do indígena brasileiro. O índio invade a sociedade enquanto lhe invadem a terra: como problema, como obstáculo, como inimigo, como aliado, como promessa; sua realidade é amplamente marcada e dominada pelos conflitos fundamentais de nossa sociedade.

Carlos Rodrigues Brandão, em *Identidade e Etnia*, revela que o índio se apreende como índio no momento em que a descoberta da própria identidade emerge frente à do invasor, quando ela está ameaçada de se perder para ele. Nos termos de Martins: no momento em que ele se descobre diferente, descobrindo a natureza da dominação que sofre.

É nesse sentido que caminha a luta dos índios; bem como, a criação, na luta, de novas solidariedades, como a da Aliança dos Povos da Floresta, entre os índios e seringueiros, luta pela demarcação das terras indígenas e criação de reservas extrativistas. Expressão dos conflitos de terra existentes no Brasil.

Assim, há "diferenças" consentidas no seio de um processo de hierarquização e reprodução das desigualdades sociais, que envolvem, como já falamos, segregações espaciais. Contradições são recriadas nesse processo, gerando lutas por diferir: por parte das mulheres, dos jovens, dos povos, das raças e etnias, etc. O resultado e significado dessas lutas são muito diversos, compreendem desvios e riscos; contudo, comportam a virtualidade de tornar cada vez mais real os direitos escritos e fazer avançar o processo de humanização.

BIBLIOGRAFIA

Parte I

LEFEBVRE, Henri. *O Marxismo*. São Paulo-Rio de Janeiro, Difel 1979.

MARX, Karl. *Elementos Fundamentales para la Crítica de la Economía Política (Gründrisse) – 1857-1858*. Vol. 1, México, Siglo Veintiuno 1977.

Parte II

Banco Mundial. *Políticas de Población y Desarrollo Económico*. Madri, Tecnos, 1975.

HARVEY, David. "População, Recursos e a Ideologia da Ciência", *In: Seleção de textos 7*. São Paulo, Associação dos Geógrafos Brasileiros – Seção São Paulo, 1981.

LACOSTE, Yves. *Os Países Subdesenvolvidos*. São Paulo, Difel, 1985.

MALTHUS, Thomas Robert. *Primer Ensayo sobre la Población*. Madri, Alianza, 1984.

MARTINS, José de Souza. *A Imigração e a Crise do Brasil Agrário*. São Paulo, Pioneira, 1973.

______. *Expropriação e Violência*. São Paulo, Hucitec, 1980.

______. *Não há Terra para Plantar neste Verão*. Petrópolis, Vozes, 1988.

______. "Migrações Temporárias", *In: Revista Travessia-Revista do Migrante*. São Paulo, CEM, 1988, Ano I nº 1.

______. *Caminhada no Chão da Noite*. São Paulo, Hucitec, 1989.

MARTINS, José de Souza (org.). *A Morte e os Mortos na Sociedade Brasileira*. São Paulo, Hucitec, 1983.

MARX, Karl. *Elementos Fundamentales para la Crítica de la Economía Política (Gründrisse)* – 1857-1858. Vol. 2, México, Siglo Veintiuno, 1977.

_____. *El Capital*. Tomo I, vol. 3, Argentina, Siglo Veintiuno, 1971.

OLIVEIRA, Francisco de. *Malthus e Marx. – Falso Encontro e Dificuldade Radical*. Campinas, Núcleo de Estudos de População, Unicamp 1985.

OSBORN, Fairfield (org.). *As Pressões da População*. Rio de Janeiro, Zahar, 1965.

Population Reference Bureau. *População*. São Paulo, Lidador/Editora da Universidade de São Paulo, 1970.

POURSIN, Jean-Marie e DUPUY, Gabriel. *Malthus*. São Paulo, Cultrix/Editora Universidade de São Paulo, 1975.

SANTOS, Jair L. F.; LEVY, Maria S. Ferreira e SZMRECSÁNYI, Tamás (orgs.). *Dinâmica da População: Teoria, Métodos e Técnicas de Análise*. São Paulo, T. A. Queiroz, 1980.

SANTOS, Milton. *O Espaço Dividido: os Dois Circuitos da Economia Urbana dos Países Subdesenvolvidos*. Rio de Janeiro, F. Alves, 1979.

SINGER, Paul. "Factores Determinantes del Comportamiento Demográfico en el Mundo Contemporáneo", *In: Revista Mexicana de Sociologia*.

_____. *Economia Política da Urbanização*. São Paulo, Brasiliense, 1977.

SZMRECSÁNYI, Maria Irene. *Educação e Fecundidade: Ideologia, Teoria e Método na Sociologia da Reprodução Humana*. São Paulo, Hucitec/Ed. da Universidade de São Paulo, 1988.

SZMRECSÁNYI, Tamás (org.). *Malthus*, São Paulo, Ática, 1982.

VALENTEI, D. *Teoria da População*. Moscou, Progresso, 1987.

Vários Autores. *Reproducción de la Población y Desarrollo*. São Paulo, Sistema Estadual de Análise de Dados (SEADE), 1982.

VERRIÈRE, Jacques. *As Políticas de População*. São Paulo, Difel 1980.

Parte III (sobre o esboço em Geografia da População)

BEAUJEU-GARNIER, Jacqueline. *Geografia da População*. São Paulo, Nacional/Editora da Universidade de São Paulo, 1971.

BLACHE, Vidal de la. *Princípios de Geografia Humana*. Lisboa, Cosmos 1954.
CLAVAL, Paul e outros. *Population et Demographie*. Paris, Larousse, 1976.
DEMANGEON, Albert. *Problemas de Geografia Humana*. Barcelona, Omega 1956.
DERRUAU, Max. *Tratado de Geografia Humana*. Barcelona, Vicens-Vives 1964.
GEORGE, Pierre. *Demogeografia*, Lisboa, Cosmos 1955.
______. *Geografia da População*. São Paulo, Difel, 1971.
______. *População e Povoamento*. Amadura, Bertrand, 1974.
______. *Sociología y Geografía*, Barcelona, Península, 1974.
JONES, Emrys. *Geografia Humana*. Barcelona, Labor.
LEBON, J. H. G. *Introdução à Geografia Humana*. Rio de Janeiro, Zahar, 1970.
SORRE, Max. *El Hombre en la Tierra*. Barcelona, Labor 1967.
ZELINSKY, Wilbur. *Introdução à Geografia da População*. Rio de Janeiro, Zahar, 1974.

Parte IV

ARIÈS, Philippe. "A Família e a Cidade", *In:* FIGUEIRA, S.A. e Velho, G. (orgs.). *Família, Psicologia e Sociedade*. Rio de Janeiro, Campus, 1981.
ARIÈS, Philippe e BÉJIN, André (orgs.). *Sexualidades Ocidentais*, São Paulo, Brasiliense, 1987.
BRANDÃO, Carlos Rodrigues. *Identidade e Etnia*. São Paulo, Brasiliense, 1986.
CHAUI, Marilena. *Repressão Sexual: essa nossa (des)conhecida*. São Paulo, Brasiliense, 1984.
FINKIELKRAUT, Alain. *A Derrota do Pensamento*. São Paulo, Paz e Terra, 1989.
HELLER, Agnes. *La revolución de la Vida Cotidiana*. Barcelona, Península, 1982.
LEFEBVRE, Henri. *Metaphilosophie*. Paris, Minuit, 1965.
______. *Au-delà du Structuralisme*. Paris, Anthropos, 1971.
______. *El Manifiesto Diferencialista*. México, Siglo Veintiuno, 1972.
______. *La Presencia y la Ausencia*. Mexico Fondo de Cultura Económica 1983.
______. *El Materialismo Dialectico*. Buenos Aires, La Pleyade, 1971.

MAGNANI, José G. Cantor. "O Lazer da População de Origem Migrante na Metrópole", *In: Revista Travessia – Revista do Migrante*. São Paulo, CEM 1990, Ano III nº 7.

RAFFESTIN, Claude. *Pour une Géographie du Pouvoir*. Paris, Livrairies Techniques.

A AUTORA NO CONTEXTO

Amélia Luisa Damiani é professora-assistente do Departamento de Geografia, da Faculdade de Filosofia, Letras e Ciências Humanas, da Universidade de São Paulo. Trabalha na área de geografia humana, em que desenvolve seu doutoramento. Atualmente ministra o curso de geografia da população.

Trabalhou como geógrafa em planejamento, nas áreas de cartografia, indicadores sociais e meio ambiente. Além dos trabalhos e publicações de que participou, quando técnica de planejamento, tem dois artigos sobre o urbano e o meio ambiente, publicados pela AGB-SP, no *Boletim Paulista de Geografia*, n°s 62 e 64. Sua tese de mestrado, sobre os processos de industrialização e favelização de Cubatão, também se refere ao estudo do urbano. Voltar-se, especialmente, para o tema *população* é uma paixão recente, fruto dos cursos ministrados a esse respeito.